一天工作6分鐘

THE 6-MINUTE WORK DAY

世界級商業領袖教你用槓桿力，創造豐足與自由

當代拿破崙・希爾
道格拉斯・維米爾——著
Douglas Vermeeren

甘鎮隴——譯

目錄 CONTENTS

第二部　一天工作6分鐘

推薦序

有意識地運用時間，讓槓桿收入全年無休爲你工作

莎朗·萊希特

我們年輕時在學校接受培訓（和洗腦），以便日後成爲公司員工，用時間和精力換取金錢。如此一來，等於個人的財務健康完全依賴雇主。有太多人最終在財務方面辛苦掙扎，成了月光族，卻沒有建立財務基礎來幫助自己創造值得擁有的生活。如果你的經濟來源必須依賴別人或每小時的工資，創造想要的生活就會變得非常困難。

正如本書作者分享的，你若仔細觀察，會發現工作日基本上是用時間換取金錢。爲了生存，我們被教導每天朝九晚五地付出，爲每週工作四十小時做好準備。除此之外（這是最可怕的部分），你得把大部分人生都花費在工作上。

與其以員工身分來**花費自己的時間**，我希望你考慮**把時間投資**於購買、建造或創造能帶來收入的資產上。

- 你準備好開創財富了嗎？
- 你是否受夠了辛勤工作卻永遠無法出人頭地？
- 你是否受夠了只能眼睜睜看著他人成功，自己被遠遠拋在後面？
- 你是否在尋找不同的道路？
- 你是否準備好向**經驗豐富的老手**學習？

如果你的答覆是「是的」，那麼《一天工作6分鐘》就是爲你而寫。

首先，本書將幫助確認你在哪裡交易或損失時間，而且更重要的是「爲什麼」！這將揭露你可以採取哪些步驟來重新掌控人生，並贏回你的時間。

作爲背景故事的一部分，我想讓你知道，作者最初邀請我爲本書寫序時，我感到非常榮幸。然而當我收到初稿，看到書名是《一天工作6分鐘》時，有點驚慌失措，心想：天啊——他走火入魔了，這本書是關於如何一夕致富！

然後我開始閱讀內容。他傳達的訊息非常傑出，也符合我指導客戶的原則。《一天工作6分鐘》是作者應用本書分享的原則所達成的目標，他也邀請你加入他的行列。

作者認爲，「時間」是最珍貴的貨幣。你可以賺到錢、失去，然後再賺回來……

但時間一旦被花掉，就永遠無法挽回。

有錢人不拿時間換取金錢。然而，無論有錢人住哪裡或說什麼語言，都有一個共同點：把時間花在購買、建造或創造能爲他們工作的「創收資產」上。他們了解資產的力量！

只要資產收入超過每月支出，你就實現了財務自由（不是非得是數百萬美元才行）。

如果你準備好贏回時間，請開始關注資產。「資產」是我在這個世界上最喜歡的詞，其實，我的主張之一就是「資產很性感！」，這是爲了向人們強調專注於發展「資產」而非「收入」的重要性。而且相信我，年紀越大，你的資產就越性感！

資產的類型很多，主要類別如下：

- 做生意
- 房地產
- 紙上資產——股票、債券、互惠基金、ETF（指數股票型基金）、REIT（不動產投資信託）等請把資產當成你的員工，讓它變成收入引擎，全年無休爲你工作。你身爲員工，能用時間換取金錢的收入量，僅限於你能花多少時間的工作量，因此你能透過時間賺取的收入是**有限**的。相較之下，你能透過資產賺取的收入是**無限**的。

做生意

談到做生意，太多人擁有的是「工作」而不是「生意」，這意味著他們還在用時間換取金錢。你必須用正確的基礎、商務系統和團隊來建立你的生意，這樣它才能成爲替你工作的經濟引擎。我在拙作《退場致富》（*Exit Rich*）中，分享了如何讓你的成功企業永續經營、向外擴展，而且業績長紅。而作者在《一天工作6分鐘》中，揭露了他如何成功建立爲自己工作的事業。透過組建合適的團隊，他每天只需花6分鐘監督。他已經與幾家企業合作，現在你也可以這樣處理你的生意，贏回時間。

房地產

請允許我問你以下問題：你可以擁有多少正現金流的房地產投資？答案是「看你能找到多少」，對吧？身爲經驗豐富的房地產投資者，你想必創建了成功的房產選擇模式，並組建了和你一起工作的團隊（希望其中有一位傑出的不動產經紀人）。在這個例子中，事先尋找、購買和出租房產當然都需要時間……一旦出租後，你就能自由地把時間拿來享受勞動成果，因爲你每個月都會收到租金。你的團隊負責處理相關的日常問題，你因此有時間尋找下一筆好物件！你不僅贏回了時間，還擁有一筆爲你工作的創收資產！

紙上資產

投資紙上資產的方式有很多種。除非你是股票經紀人、日間操盤手或票據發行人，否則對紙上資產的投資通常被視爲被動投資。與房地產類似，你花時間分析和確定想投資什麼，然後讓它爲你工作。財務規畫師會建議你分散紙上資產的類別。

相較之下，我建議你在所有資產類別（做生意、房地產、紙上資產和智慧財產權）上採取多元化投資，這能幫助你做好最充分的準備，把市場的影響降至最低。

智慧財產

當你透過書面文字、口頭或影片演講，或透過解決問題、滿足需求的發明來跟全世界分享才華時，你就創造了智慧財產。你的品牌、商標、數據庫和商務系統都是智慧財產。企業販賣的東西，背後的「商譽」也通常代表智慧財產權之類的無形資產價值。很少有企業主花時間去發現其寶貴之處，更少有企業主透過將智慧財產轉化爲創收資產的系統，來妥善保護並運用。

以上這些類別的資產，都能共同合作，爲你和家人實現財務自由。在本書中，作者解釋了這些資產如何幫助你獲得自由，更在他的清單中添加一個非常重要的類別：人脈。

人脈

作者分享：「在建立個人事業、財富、財務與時間自由，以及你想要的一切，最有價值的技能就是學習如何建立並維持高層次的人際關係。你很快就會發現，你在商務上的成功眞的取決於此。世上最成功的企業家都知道如何召集最優秀的人才，協力工作，以創造其他方式無法取得的成果。」

我完全同意。我在拙作《離黃金只有三呎：把障礙變成機會》（*Three Feet from Gold: Turn Your Obstacles into Opportunities*）中，傳授「齊心協力」的力量，也分享我個人的成功公式：

〔（熱情＋天賦）×協力×行動力〕＋信念

熱情和天賦的重點是你自己！你的熱情與你所受的教育和經驗結合，創造出你的「爲什麼」。大多數人都止步於此，並相信做什麼事都只能靠自己。眞正的成功來自齊心協力——在你的團隊中擁有合適的導師和成員，你的弱項很可能就是別人的強項。將正確的協力與行動力相結合，就能提升贏回時間的效率。但最後一個要素——信念——非常重要。對你正在做的事抱持信念，對這麼做的必要性抱持信念，還有對獲得成功抱持信念。我要告訴你：我在指導人們時，通常最需要幫助的就是「協力」與「信念」，而且兩者密不可分。只要你身邊有合適的人，就算度過了糟糕的一天，他們也會協助你繼續前進，從而增強你的信念。

請仔細複習以上公式，因爲它關係著你的成功。我在 www.personalsuccessequation.com 網站上提供了指南，也許能幫助你發現值得立即採取行動的機會，以提升贏回時間的效率。

做得更好，而不是做得更多

你必須有意識地運用時間，這跟正確的人際關係相輔相成。作者分享「做得更好，而不是做得更多」這個重要觀念，他採訪的數百名成功企業家，在運用時間這方面非常一致。

「他們其實把漏斗顚倒過來，而且做得較少。也許『較少』這個詞不是最適合的──換個說法──他們做得『更好』，對於把時間花在哪更斤斤計較：把時間投入仔細考量並準備好的事上；拒絕跟每個人見面；仔細選擇互動的對象，並確保每次開會有目標和準備。他們的另一個做法是，向最有可能做出回應的分眾市場傳遞精心設計的訊息，而不是做更多行銷。」

這只是作者在書中分享的一小部分智慧。我很榮幸能推薦本書，更高興能向他學習。我已經在個人的生意版圖中實施了他的一些策略，我也邀請你這麼做。

祝你成功！

（本文作者爲《富爸爸，窮爸爸》共同作者、全球特許管理會計師。著有《女性必讀的思考致富》（*Think and Grow Rich for Women*），合著有《與魔鬼對話》《離黃金只有三呎》《退場致富》，以及《富爸爸》系列另外十四部著作。莎朗．萊希特官網：www.sharonlechter.com）

自序

聰明工作，而不是努力工作

今天是高利潤和高產量的一天。

超過三百個新客戶向我的公司下單採購。我們搭建了平臺，在接下來幾週將推出三款新產品；僱用七名新員工，開始培訓；完成了一項授權合約，將我的智慧財產權翻譯成中文和日文；跟一個競爭對手建立了夥伴關係，以促成更多合作，也開始密切審查幾個機會——我們將投入其中一些，另一些則可能留到以後進行。

這是很典型的一天。

當我告訴人們我有多忙時，他們常會問我怎麼有時間過生活，「你幾點起床？工作到多晚？何時跟家人見面？你有跟家人見面嗎？怎麼擠得出時間？」以爲我一定是他們見過工作與生活過得最不平衡的人之一。

我告訴他們，其實我平均每天只工作大約6分鐘，而他們的表情令我竊喜不已。

「6分鐘，就這樣。」揭露這項事實時，對方通常會有幾種反應，最常出現的是難以置信。確認自己沒聽錯後，對方經常會提及觀察到我的公司多麼成功，並指出公司在幾大洲都有客戶，以多種語言營運，管理並掌控數百萬美元的資產，且幾乎天天都有團隊、員工和運營部門在工作。他們不相信我能把這麼多事塞進每天6分鐘裡，有些人甚至說，我的手錶一定壞了。

我通常會承認，我在職涯早期並不是每天只工作6分鐘。即使現在也有例外，偶爾會花更多時間工作。但現實是，沒錯，我通常每天工作6分鐘。

在本書中，我將分享這是怎麼做到的，而且你能如何照做。

我想先說清楚這本書是什麼，以及不是什麼。本書不是在教你如何一夕致富或輕鬆致富。事實上，這本書跟錢沒什麼關係，主要講的是系統和領導力。我指的不是對人們發號施令，要他們在你度假時幫你做所有工作。這種策略雖然可能有短期效果，但那些人很快就會失去衝勁、動力和遠見。當你跟著我學習書裡的方法時，很快會發現有一種途徑讓你變得效率十足，能讓自己和與你一起工作的人獲得想要的東西，且依然擁有時間。

不需要拿時間換取金錢

有錢人不拿時間換取金錢。

你聽過這句話吧？甚至可能會對自己說你同意這個想法。

很多創業家和企業主雖然嘴上這麼說，但很快又埋首於工作。你甚至會看到許多受歡迎的商業「大師」在網路上宣揚這樣的想法：若想成功，就得學習如何忙碌、操勞、早起（他們稱爲「清晨五點俱樂部」），或準備工作到深夜。

他們試圖把「長時間辛勤工作」的想法灌輸給每個人，但這種想法有一些問題。首先，它跟「有錢人不拿時間換取金錢」的觀念背道而馳，等於是**邀請**你追求「拿時間換取金錢」之路。另一件令我難以置信的事是，雖然這些「大師」不斷推銷忙碌與拚命工作，但我至今還沒聽到當中任何一位清楚說明，在那段工作時間裡該做些什麼。在我看來，他們似乎沒有答案。說「你該開始工作」，要比說清楚「你究竟該忙些什麼」更容易。他們其實不知道答案。

這簡直就像是說，如果想抵達某個地方，就得開始跑步。但你不覺得應該先弄清楚自己要去哪裡嗎？這是本書將回答的大哉問之一。除了幫助你弄清楚最終的目的地，我們也將一起展開地圖，繪製捷徑。

「透過拚命工作才能成功」是那些拿不出眞實答案、沒辦法幫助你前往想去地方的人編造的謊言。

此刻你可能在想，爲什麼我覺得自己能給你任何答案？我有什麼資格說你從別人那裡聽到的東西是行不通的？

那麼，讓我跟你分享我走過的路，然後你可以決定，我接下來要傳授的東西是否有任何價值。

我不是來自富裕家庭，沒有繼承一大筆錢、買下自由和奢華的人生。事實上，我在收入較低的家庭長大，父親在建築業工作，母親在家中幫別人看孩子。我上高中之前，一直穿著別人不要的舊衣物。我們家很窮。

我在這種環境中學到人生的教訓。

爲了養家活口，我父親經常加班，母親也幫更多人照顧孩子。爲了支付家庭度假費用，全家會一起接外快。

我們遵循的公式是：如果想要更多，就必須做更多工作。但我發現，即使做得再多，還是必須爲了得到需要的東西而付出更多努力。

我就業後，唯一的期望是投入更多工作時間來實現財務自由。也許正在閱讀本書的讀者能明白我的意思——也許你的出身背景與我類似。如果是，那麼你一定知道，無論多麼努力，付出多少時間，到頭來似乎還是無法成功。

想要「一天工作6分鐘」，你要先考慮自己的成長經歷：

- 你從小學習了哪些關於金錢的想法？
- 你相信財務自由將以何種方式到來？

許多人認爲，除非透過大量努力和犧牲，否則無法實現財務自由。心理學中有個原則「投資偏誤」（investment bias）：人們如果認爲成功或回報來得太容易，就常會做出自我破壞的行爲。投資偏誤則會使人覺得，除非付出巨大的代價，否則自己不值得獲得獎勵。但現實並非如此：我們並不需要拿時間來換取金錢。

時間和金錢之間可能沒有交易關係，但有一套公式。

無庸置疑，我進入職場時已經做好努力工作的準備。我上大學時的某年暑假，決定在加州銷售蟲害防治服務。在夏日炎炎的每一天，我挨家挨戶試著說服人們簽下蟲害防治合約。上司向我保證，只要投入更多時間、更努力工作，就會成功。但正如你猜到的，我投入的時間開始吞噬生活的其他領域。我實在無法堅持下去。

但我走投無路。這份工作是我繼續上大學的希望，我需要這筆收入。所以我繼續投入大量時間，希望看到錢財上門。

但不誇張的是，我開始失去希望，覺得自己拚命轉動輪子，卻哪裡也去不了。

我跟全球各地的企業家談過，他們都有過類似的經歷：竭盡所能，卻沒得到想要的結果。有時，他們就是在這時候放棄或認定走錯了路，並選擇其他路線。事實上，許多上了「忙碌、早起、熬夜」這艘賊船的人，下場通常是職業倦怠。我懂，我也曾置身類似的處境。

如果你被困在這種處境，你其實就是個僱員，而不是企業主。本書將深入探討這種謊言和幻想。

因此，接下來發生的事不僅改變了我的人生，最終也讓我改變了全球數百名企業主和創業家的人生。

聰明工作，而不是努力工作

某天下午我遇到一位前輩，給了我兩本書，提到更聰明地工作，而不是更努力。之後，我到哪都聽聞這個概念；但很快就發現，雖然很多人談論，但大多數人並不知道究竟該怎麼做。

這兩本書的作者分享了取得巨大成功的個人故事，包括亨利．福特、約翰．洛克斐勒、安德魯．卡內基、保羅．蓋蒂和那個時代的其他富豪。但這些故事缺少能讓我實際運用的「如何更聰明工作」指南。對我來說，這些富豪是一群與我毫無共同點的老人。他們的策略與我的經驗相去甚遠，對我來說似乎毫無意義。

接著重大的「原來如此」時刻降臨，我心想：如果有人要介紹當今的商業巨頭，誰會是巨大成功的研究案例？或許這些人能揭示如何在財務和時間方面有效地創造自由。但我失望地發現，沒有人從當代商業領袖身上整理這樣的教導，而且我意識到，如果要學習更聰明地工作，就得直接從正在聰明工作的人身上學習。

我的新使命是在這個時代向世界頂尖成功人士學習第一手資料，而我也在能找到成功商人的地方結識他們，最早是從我所在的社區開始。我請每一位願意接見我的百萬富翁吃午餐。大約一年半裡，我每週進行幾次聚餐談話。

我的思想以不可思議的方式擴展，開始拋棄「金錢和時間是密不可分的」這種想法，因爲兩者其實並不必然相關。不久，我與更高階的商業巨頭交談，因爲他們了解我的使命後，會主動提供幫助，介紹我認識更多人。

接下來十年，我結識了四百多位世界頂尖的商界領袖和企業家，你將在本書獲得他們的專業知識。

我將與你分享和銳跑（Reebok）、聯邦快遞、Ted Baker、UGG等公司創始人面對面交流學到的知識。

我將與你分享西南航空、鮮果布衣（Fruit of the Loom）、Nike、肯德基等公司的執行長教我如何管理人才、工作項目和利潤。

我將與你分享優步、菲利普莫里斯國際公司、普瑞納（Purina）、豐田等公司的團隊領導人教我如何建構系統、營銷和市場定位。

也許最重要的是，我將分享如何以最有效的方式提升效率，不僅改善市占率，也能讓你保有自己的人生。

事業開端非常重要

與頂尖商業領袖會面時，我充滿創業的熱情。我的意思是，遇到這些千萬甚至億萬富翁時，我認定只要創業，成功就會到來。我對自己的公司有非常好的構想，而且我所有的計畫似乎都很合理。

我認定接下來該做的，是跟身為商業領袖的朋友會面，在我該如何開創我的企業、將其打造成巨大帝國這方面獲得一些建議。

我還記得在加拿大溫哥華市中心的高級餐廳跟這位朋友共進午餐。我的一邊胳臂底下，夾著自認為有史以來最令人欽佩的商業計畫。我拉開椅子坐下，開始說明構想。朋友一開始似乎聽得津津有味，讓我信心飆升。

然後我決定，是時候切入想問的問題了：

- 「我要怎樣找到客戶？」
- 「行銷的最佳方式是什麼？」

- 「我要怎樣分銷這些產品？」
- 「我要如何擴展到其他地區？」
- 「我該如何應付競爭對手？」
- 「我該怎麼做才能獲得融資？」

也許這些是你在考慮開公司時也思考過的問題。我覺得這些是非常好的問題。但提出這些疑問時，我朋友只微笑道：「我看得出來，你要開一家小公司。」

我既驚訝又難過，他說「小公司」是什麼意思？我並不是只想創設一家小公司。事實上，我從沒遇到任何一個企業家告訴我，他對接下來要做的事只抱持著很小、很保守的願景。我遇到的企業家都深具遠見，想創造能帶來衝擊、能翱翔高飛、影響力無遠弗屆的事物。

我請他說清楚他的意思。

他重複道：「我看得出來，你要開一家小公司。」

我還是不懂；決定不要妄下定論。我從類似的談話學到了很多，決定先不要做出判斷，而是仔細想想自己可能遺漏了什麼。我請他解釋。

他照做。

我希望你仔細閱讀接下來的文字，因爲這個見解將爲一天工作6分鐘鋪路。

他告訴我，我在談到我的公司時，問的都是自私的問題。然後他指出，我所有的問題都只涉及自己。「**我**該做什麼？」「**我**該怎麼做？」「**我**該在哪做？」都是自私的疑問，爲我帶來了限制。若提出這類疑問，永遠無法開創巨大的成功或事業規模。事實上，看看多數苦苦掙扎的企業主，就會發現他們不僅把這些問題加諸在自己身上，還努力保護著相關答案的責任。他們覺得一切都是自己的責任，因爲他們是企業主——也因此，他們限制了自己的成功。

身爲百萬富翁的友人繼續解釋，如果想創建蓬勃發展並擴張的事業，就得提出更多能賦予自己能力的疑問，並邀請其他人參與。他用以下方式修改我的疑問：

- 「誰能幫我找到更多顧客？」
- 「誰最懂得我該如何行銷？」
- 「誰能幫我想辦法分銷這些產品？」
- 「誰能幫我擴展到其他地區？」

- 「誰能幫我應付競爭對手？」（稍後會再談到這點。）
- 「誰能幫我取得融資？」

當我們放下「個體企業家」或「自雇者」身分，認識到眞正的企業家並不是獨自做所有工作，就能開始創建有意義的東西。「企業家」這個字被大大誤解了——它的意思其實比較接近管弦樂隊的指揮。世上最成功的企業家都知道如何召集最優秀的人才，協力工作，以創造其他方式無法取得的成果。

身爲企業家，你的工作並不是自己找到所有答案，而是聘僱、尋找能幫你找到最佳答案的人才和資源——當你發現這些答案時，你就成了指揮官，把人才和資源投入最適合的地方。**你最該做的，就是懂得學習。**

你正在嘗試創作激動人心的震撼交響樂，而參與其中的每個人都能享受這首曲子。你正確地打造一個商品，你的客戶就會喜歡，而你的員工和支援團隊也能享用！你的家人能享用——最重要的是，你也能享用！

我很喜歡賈伯斯對團隊的看法：「我們不是僱用聰明的人，然後告訴他們該做什麼；我們僱用聰明的人，然後請他們告訴我們該做什麼。」

你會發現，「一天工作6分鐘」的最重要任務，是先尋找那些聰明人。培養這些類型的關係，是你最該發展的高價值技能。

本書提供可實踐的洞察與策略，讓你從一開始就爲你的事業打造出有力的交響樂，以確保在嘗試一天工作6分鐘——甚至讓這個夢想成爲現實——的時候，所有系統都能和諧運作。

我寫本書的目標，是幫助你開創繁榮又平衡的人生。無論你是企業家還是只想提高工作效率，都可以在本書找到有用的策略。你很快就會發現，在任何經濟體中茁壯成長所需的諸多方法，其實遠比很多人示範得更容易、也更好懂。

第一部

建立
你的個人事業

第一章

為什麼有「工作日」這回事？

你有沒有想過，為什麼會有「工作日」？它的宗旨是什麼？是如何被創造出來的？最重要的是，人們的生活為什麼以工作日為中心？

現實情況是，大多數人很少細想這些問題，只是接受「工作日」的架構就是生活的方式。

我首先要強調：你確實**有選擇**。你的生活不需要以朝九晚五或更長的工時來建構。

工作日是過時的想法。

大多數人工作是為了生存，但若仔細觀察，會發現工作日的基本概念就是用時間換取金錢。我們為了生存，被教導必須每週工作四十小時。除此之外——這是最可怕的部分——你也得準備把一生大部分時間耗費在工作上。

「花費」這個詞彙很有趣吧？**花費**你的時間，**花費**你的一整個星期，**花費**你的一生。我希望你開始把「花費」這個字眼改成**「投資」**。「投資」是爲了改善你的處境而做的安排，而「花費」通常無法達成這個目的。討論這個概念前，得先打下基礎，你才會知道什麼是值得投入心力和時間的良好投資，因爲不是所有活動都值得。

這麼多人被困在「工作日陷阱」的原因之一，是因爲眞的不了解財務自由的概念，以及如何運作。現在，讓我們花點時間做個簡短的練習，來闡明這個概念。

把一張紙放在面前，花點時間思考你眼中的財務自由是什麼樣子；寫下你聽到「財務自由」這幾個字時，腦海裡出現什麼想法。把你認爲需要提及的所有內容都加進這份清單，花大約一分鐘做筆記，然後再次閱讀寫下的東西。接下來，仔細審視寫下的答案。如果你和跟我一起做練習的那些人一樣，大概會說財務自由對你而言意味著：

- 能選擇每天想做什麼事
- 能去旅行
- 擁有想要的車子和衣服
- 花時間與你想互動的人共處

- 回饋你的社群
- 零負債
- 還清房貸
- 更常陪伴家人
- 銀行帳戶裡有一大筆錢
- 再也不用爲錢煩惱
- 想買什麼就買什麼

以上都是「財務自由意味著什麼?」的典型答案。然而，正是這些答案讓人們永遠無法獲得財務自由。請記住，以上都是對事件的描述，雖然其中一些願望是高尚的，能帶來情感滿足，而且是有價值的目標，但並不是財務自由的正確定義。

財務自由並不是一種情感體驗。

財務自由其實是一個特定的數字，且遠比你想像的更容易取得。請容我說明：想確認你的財務自由數字，必須先審視自己的開支。對一般人來說，帳單是每三十天送上門。來看看過去三十天的帳單。（見表1，以美元計。我使用的數字僅用於示範，這並不是合理的每月開銷完整清單。你的清單或許與此有部分項目重疊，但也可能有很多是此處沒列出來的。這份清單上的項目金額，可能比你的更高或更低。爲了準確找到你的財務自由數字，你必須建立表格，幫助你整理每月開銷。）

既然有這些每月開銷，你就必須每個月產出兩千九百美元來付清所有應付款項，而這個總數就是財務自由的數字。雖然本書的主題並不是被動收入，但我想指出，如果你知道自己的財務自由數字，就能獲得力量。越是了解如何創造收入來抵銷與工作日無關的每月支出，就不再需要一整天

表1

房貸	$1,200
水電費	$350
車貸	$550
保險	$200
汽油	$80
食物雜貨	$300
網路	$120
電視／第四臺	$100
每月總開銷	$2,900

都耗在工作上。這是實現一天工作6分鐘和財務自由的主要原則。

一旦確定了你的財務自由數字，接下來的問題，就是如何在工作日之外產生收入。

泰芮是我在英國的學生。我們第一次見面時，她的財務狀況一團糟。她有強烈的創業精神，但每次創業都忙碌不堪，因爲她不知道自己身在何處，也不知道要去向何方。她對自己及家人財務自由的想法都建立在過去的經驗上，完全沒辦法衡量是否取得進展。一旦明白財務自由是她可以努力實現的具體數字，情況就發生了變化。她成功地以這種方式建立生活和事業，現在也漸漸縮小現況和目標之間的差距。如今財務自由和富裕生活都在她的掌握之中。

住在內華達州拉斯維加斯的泰勒，也遇到類似的問題。他每個月都有大量的資金進出，且金額龐大，卻總是瀕臨破產；明明同時有好幾筆生意，卻總是被錢追著跑。在了解如何得出具體又清晰的數字，並以他的財務理想設定可衡量的目標後，他開始更小心每個月的現金流去向。在很短的時間內，他做出了行動，得以踏上一天工作6分鐘之路，年收入三十五萬美元再加上投資，以達成未來的財務自由。

我的目標其實不是讓你在財務方面「自由」，而是要讓你在財務方面享有「富裕」。「自由」意味著你能負擔自己的財務義務，但我希望你富裕，有足夠的財力去做想做的每一件事。事實上，我敢打賭，身爲個人事業創造者的你之所以選擇這條路，是因爲這種財務狀態就是你想要的。

我也要指出，財務自由和富裕不僅適用於你的個人生活，也適用於你的商業生活。你該花點時間列出每月的生意開銷，開始制訂計畫，判斷如何在不依賴你的商務活動的情況下，支付每月的開銷。二〇二〇年新冠肺炎疫情期間，許多商家因爲仰賴顧客上門消費，面臨倒閉。顧客因爲封城或其他限制而無法購買商品或服務時，商家的收入來源就消失了。雖然本書沒有特別深入討論這個問題，但前輩給我的最好教訓是：運用部分的生意收入，來建立你的生意所需的財務自由——方法是：將你的生意多元化，或投資於其他現金流機會。

爲了闡明這些原則，以及如何在個人和商業生活中實現財務自由和財務富裕，你需要了解以下四種財務狀態：

- 財務不安全（Financial Insecurity）
- 財務安全（Financial Security）
- 財務自由（Financial Freedom）
- 財務富裕（Financial Abundance）

先前已經討論過最後兩項：財務自由和財務富裕，稍後會再提到。但開頭的兩項——財務不安全和財務安全——就是人們被困在工作日的原因。

根據定義，財務不安全是指一些人爲了謀生而努力工作，儘管每週工作四十小時或更久，卻還是無法賺到足夠的錢來滿足生活需求。爲了生存，他們經常不得不擱置帳單或延遲繳費，直到湊出錢來。顯然，他們處於艱難和充滿壓力的處境。他們的人生缺乏選擇，必須學會做出犧牲，並確保花的比賺的少。這麼做並不容易。最近我看過一般單親父母的每月開銷，他們有時不得不犧牲食物、住房和其他生活必需品。這是極其艱難的處境。如果不想這樣，另一種選擇是尋找額外的收入來源。對大多數正在經歷財務不安全的人來說，他們唯一理解的就是我之前所理解的：如果想要更多錢，就必須做更多工作。

第二級被稱作財務安全，但這在你的財務生活中不算是往上爬了一步，基本上只意味著薪水足以支付帳單，你賺到足夠的錢來履行義務。現實是，只要多拿到一張意想不到的帳單，就會有麻煩。如果你的汽車剎車壞了、孩子需要戴牙套，或是突如其來的醫療開銷，就有可能掉回財務不安全的窘境。

財務安全或月光族處境的可怕之處在於，有太多人置身其中。根據美國財經媒體CNBC二〇二〇年十二月十一日的報導，六三%的美國人處於這種情況，也指出這個數字自新冠肺炎疫情以來持續穩定增加。

許多商家也走在相同的道路上。疫情爆發前，這些商家就已經是靠非常低的獲利率營運。有客人上門時，商家的日子似乎過得還不錯，但只要出現問題，像是失去客戶或一筆買賣沒做成，就會立刻陷入困境，回到財務不安全的狀態。

有一些方法，能讓你把生意和個人生活建構得更安全。

身爲企業主，你的目標其實是第四級，也就是財務富裕，這也是每個人在人生中該努力邁向的目標。太多人只在意收支表上的平衡，但眞正的目標應該是讓蹺蹺板大大傾向「富裕」那一端。保持平衡會讓人時時感覺像在走鋼索，這條令人心驚膽戰之路總是充滿挑戰和災難。而我希望你的日子不再只是維持平衡，而是嚴重傾向「富裕」，讓恐懼和擔憂不復存在。

談到財務富裕時，很多人會忘記最重要的事，就是把它當成一個實際數字。財務富裕並不只是創造經驗，你必須知道它長什麼樣子，才能確定離你有多近或多遠。很自然地，當你達到一個目標，你隨時可以增加這個數字來反映當前的優先事項。

我強烈建議，你也該深入探討自己爲什麼選擇這些數字。你的「質疑力」越強，意志力就會越強。

「願景板」（vision board，又名「夢想板」）近年變得相當流行，人們會在上頭分享人生最想要事物的圖片或圖像。雖然我認爲這是很棒的工具，卻相信大多數人是以不完整的方式來創建。你的願景板不該局限於圖片，也該描述某個事物的**代價**——這個目標應該具體、明確、可實現，且離你不遠。只有在上面加上數字，才能實現財務富裕。

我幾年前做出決定，想要一輛法拉利。很多人都說想要法拉利，你可能也想要。但現實是，大多數人都停留在這個階段。我做出決定：如果眞的想要一輛法拉利，就得將目標具體化。我開始做功課，而且最先弄清楚的是車款。我做出決定：我想要一輛360 Modena Spider——我知道我想要敞篷車，而在顏色選擇上較爲彈性，但覺得藍色或黃色會很完美。我把這些描述（包括該車款當時的零售價）寫在願景板上，還寫下幾個理由，表明爲什麼想要**這輛**車而不是其他車。我把目標訂得非常明確。

因爲我把目標訂得如此清晰明確，在日常生活中聽到或看到跟這輛車有關的消息時，我的注意力就會放在上頭；知道我關注這輛車的人，也會不時提供相關情報和機會。有一天，與我的願景完美契合的汽車，以我能觸及的方式進入了我的人生。

因爲我已經花時間提前了解這輛車，所以當它出現時，我已做好了準備。我甚至看得出來，賣家的出價其實非常划算。很自然地，我買下了它。它是一輛樂趣十足的車。

我希望你想想這個故事裡的要點，因爲在接下來幾個章節中都會用到：我爲法拉利安排計畫花的時間，比買下它的時間更多。這輛車到來時，我已經做好了所有功課，能判定這是不是一筆划算的買賣、是否適合自己。我提前做好了準備，所以能得到這輛車。

崔維斯住在加拿大的愛德蒙頓，多年來把願景板當成記錄目標的主要工具。我們會面時，他表示雖然喜歡願景板，但這似乎並未爲他的人生帶來任何影響。我要他在願景板上添加更具體的細節；他照做後，那些細節眞的帶來了改變。他現在開著願景板上那輛車，還娶了一位女士，巧的是她長得很像他貼在願景板上那名女子的照片。

除了與金錢有關的財務自由和富裕，我也邀請你想想兩種額外的自由：時間和地點——這兩種自由通常會在你整頓好財務狀況後出現。當然，這在傳統工作日是不存在的。

當你獲得財務自由（一號自由：金錢）和財務富裕，你的時間就會開始回到你身上（二號自由：時間）。你要如何既擁有金錢又擁有時間？某些大師會告訴你：你可以在保有蛋糕的同時吃掉它——這是事實，但遺漏了某個重點。金錢與時間是可以兼得，但不會從天上掉下來；想兼得，就必須花時間奠定基礎。你必須先做準備並烘烤蛋糕，然後才能享用。接下來的章節會花大量篇幅來分享相關的做法和期望。

最常發生的情況是，地點的自由（三號自由）會在達成一號和二號自由之後出現。但我常見到三號自由躍居第一，並促成另外兩種自由。所以，如果你是以不同順序獲得這些自由，也沒關係。隨著科技不斷進步，你可以在世界上任何地點跟任何人做生意。在哪生活和工作，已不再受到限制。

請再次拿出用於計算財務自由數字的每月開銷清單。跟你說個好消息：只要改變身處的地點，就能大幅減少這些費用。提摩西．費里斯在《一週工作四小時：擺脫朝九晚五的窮忙生活，晉身「新富族」！》指出，世上許多地方的生活費用遠遠低於美國或歐洲。

兩年前，我決定參加巡迴演講，地點包括菲律賓、吉隆坡、峇里島、泰國和新加坡。雖然我曾多次造訪亞洲，但從未在當地長住或旅行；我對當地的低廉物價非常驚訝。例如，我記得在亞洲看了電影，費用折合美元大約一塊兩毛五，這還包含我拿的一大堆點心和飲料。我每天早上都吃豐盛的早餐，花不到兩美元。我住在五星級酒店，每晚只需二十五美元。在另一個地方，我租了間有寬敞辦公室的兩房公寓，比需要的大許多，但每週租金才六十美元；屋頂有個令人難忘的無邊際泳池，可以看到附近的海洋。

我最喜歡的經歷之一，是第一次造訪峇里島期間。我在酒店大廳停步，翻看旅遊手冊。櫃檯後的女孩看到我翻閱，問我想不想看其中一些景點。我聳肩道：「也許晚點吧，再看看。」我這麼說並不是眞的承諾什麼，只是隨口說說。片刻後，我走出大廳，沿著馬路散步，瀏覽周圍的街坊。約十分鐘後，我的手機響了，是酒店女孩打來的，只聽見她說：「司機來接您了。」

我不明白到底發生了什麼事，以爲也許跟我一起旅行的人安排了行程。但我回到酒店，卻發現女孩已經找了司機，能帶我去想去的所有景點，而且會像私人司機一樣等我。在接下來的兩天裡，只要我願意，他就會送我去任何地點。他的服務花了我多少錢？總共二十美元。

地點自由能帶來改變。然而，這不僅與錢有關。閱讀這些經歷時，你可能已經想到我在亞洲能享受的酷炫事物：我在亞洲騎了大象，還造訪了佛寺（領受了僧人的祝福）；參觀木雕建築：在峇里島看到當地人在什麼地點、用什麼方式製作咖啡；參觀壯觀的瀑布和海灘，還有幾座古剎……這都是不可思議的體驗。參觀這些地點不僅令人興奮，也拓展了我的視野。

我很幸運能在世上其他國家和地點體驗到這些。在我看來，地點自由可能是最令人滿足的自由之一。

就跟財務富裕一樣，我認爲能清楚描述想在人生中去做或看到的事物，會很有幫助。別忘了，如果目標具體又明確，就會變得能夠實現且觸手可及。

但我也承認，也許不是每個閱讀本書的人都準備好拋下親友去旅行。這也沒關係。我有不少學生，已在一天工作6分鐘中使用筆記型電腦進行遠距工作。他們一天只花整整6分鐘工作，然後跑去浮潛或觀光；有些甚至舉家搬遷。然而，他們大多選擇在社區中運用地點自由，花更多時間跟親友一起做想做的事。

我大多時候就過著這種生活。一天工作6分鐘後，我會去接孩子放學、和他們一起騎自行車、去公園玩耍、和家人一同看電影或只是陪伴彼此。我最大的嗜好是巴西柔術，幾乎天天都練。不僅因爲我喜歡，也因爲我已經把人生安排得能獲得自由。

你的選擇也許不同於我或我的學生。最重要的是，你會有選擇，這是你能創造最美妙的禮物，希望你會明智地運用。

練習

花點時間評估和規畫你的人生和事業。找出你的財務自由數字和目前的收入，檢視兩者的差異，並弄清楚自己將如何實現財務自由。接下來的章節將繼續建構一天工作6分鐘的後續步驟，而你找到的答案將派上用場。

問題：「工作日」為什麼叫作工作日？

思索以下問題，反思你目前在實現財務富裕過程中的位置：

- 你對工作日的概念從何而來？
- 你一生中花多少時間履行義務？
- 你的財務自由數字是多少？
- 對你和你的公司而言，財務富裕是什麼模樣？
- 你有沒有使用願景板？若有，你在勾勒目標和願望時有多具體？

• 有沒有其他國家或地方能幫助你實現財務自由或生活方式自由？
• 你有沒有想去的地方或想做的事，唯有財務自由才能實現？

行動步驟

1 仔細審視目前的收入來源。你的收入源自哪裡？用什麼換取這些收入？你能不能找到更好的方式，像是搬去租金更便宜的地方，來換取較低的財務自由數字？

2 在財務、地點和經驗方面，明確列出你想要什麼。越具體，就越可能實現。之後的章節將討論如何讓其他人參與，以幫助你實現願景板上的目標。不過，除非清楚說明自己在努力爭取什麼，否則其他人沒辦法幫你。

3 現在就做出決定：把一部分資源拿出來幫助他人。請記住，用我們的時間、才能、資源和金錢幫助他人，是最大的快樂源頭。如果你是企業主，也邀請你選個慈善機構，透過你的事業來贊助該機構。你不僅會成為在世上行善的鬥士，也會吸引更好的事物進入生活和事業。如果你目前沒有任何想奮鬥的理念，請造訪 www.EazyDonate.com，支持我們選擇的美好理念。

本章重點

- 工作日是「用時間換取金錢」的延伸。
- 不是所有活動都值得投資。
- 知道自己的財務自由數字，就擁有改變的力量。
- 財務富裕是目標，也是數字。
- 若把目標寫得具體又清晰，成功機率就會大增。
- 幫助別人是最大的快樂之源。

第二章

6分鐘能做什麼？

乍看之下，6分鐘似乎並不長。

6分鐘只有三百六十秒，一般人都不認爲任何偉大的事情能在這麼短的時間內完成。很多人告訴我（甚至在直播電視節目上直言），他們不相信我每天只花6分鐘就能管理或經營多家價值數百萬美元的公司。

事實是，我在某些日子的工作時間確實稍微超過6分鐘（尤其是教學或演講，但這些活動跟我的公司和財富管理是分開的），但在大多數日子裡，我花費6分鐘或更少的時間在工作上。

無數例子證明，簡短的時間能創造出強大的結果。

訪談世界頂尖商界領袖的獨特經歷，讓我了解人們對「花時間工作」的想法，以及這些想法如何阻礙財務富裕。

碼錶教會我的事

我聯繫了很想採訪的企業主，他擁有了不起的成就，包括把事業從構想發展成數百萬美元的企業，並在多個國家開展業務——從他身上能學到很多東西。（巧的是，能讓我學到最多的公司，並不一定是最大或最知名的公司。他就是其中一例。）

我跟他通上電話，詢問能否與他會面十五分鐘，問一些問題。他答應了，我們也約好了日期和地點。我相當興奮，帶著準備好的問題赴約。

見面握手之後，我驚訝地看到他把手伸進口袋，掏出碼錶，放在桌上。「你有十五分鐘，」他說，「開始吧。」

這是我第一次目睹有人用行動表達對時間的嚴格要求。我記得當時相當慶幸爲提問做好了充分準備。感謝老天！那天在規定時間內完成了訪談。我離開前，向他提起我對碼錶的概念很感興趣，能否再跟他約個時間討論。他同意改天再跟我談十五分鐘。

訪談結束後，碼錶的概念一直縈繞在我心頭。我很好奇，他爲什麼覺得使用碼錶很重要。是什麼原因促使他開始使用？碼錶在他的人生中創造了什麼價值？我是不是也該開始使用碼錶？

第二次見到他時，我直接提出了關於碼錶的問題。

他告訴我，我通過了考驗。他解釋，大多數人都不把時間當一回事，但我在訪談前做好了準備，而且在十五分鐘內問完了想問的問題，他因此知道我明白「準備」的力量，而且明智地運用時間。

接著他解釋，很多人以爲每次開會必須花上一個小時，而這其實是校園生活留下的影響。學校教導我們，數學、社會、自然或任何科目，最適合一小時的課程，所以日後我們以爲每一次會議都應該長達一小時。

之後，我也觀察有多少跟我見面的人把會談時間設定成一小時。他們要求在星巴克之類的地方見面，而且把開始的三十分鐘拿來談論跟會面的主因無關的事。別誤會，我不是說會談時得直接切入主題，連噓寒問暖也省略，但現實是**大多數會議完全是浪費時間**。

我那位手持碼錶的導師指出，人如果知道時間短暫，一定會做好更充分的準備，接著跟我分享了一句話，之後無論做什麼我都牢記於心：**「你其實在教導人們如何對待你。」**我發現這在人生和商務上都堪稱眞理，你其實在教導人們跟你相處時如何看待時間，因為他們會觀察到你如何看待時間。

我在這方面未必總是身體力行，卻在犯錯後才明白這個道理，以下是其中一個案例。

我年輕時創辦的第一間公司，是在網際網路剛出現時成立的。我開設了支援電影業的線上媒合平臺，演員可以透過平臺發布大頭照和簡歷，然後選角導演會使用我們的網站來尋找人才。我把這家公司命名為casting-call.net。很直截了當吧？（這個線上媒合平臺已經不存在，所以你現在找不到了。這是一九九〇年代末的事，我後來賣掉了這間公司。）

在那段期間，我們其實有實體辦公室。我在加拿大和美國的幾個主要城市都設有辦事處。我做事很有條理，不必經常進辦公室。我的工作團隊會跟演員見面，並居中協調。我進辦公室時多半會遵守專業守則，甚至會穿西裝。

但有一天，我穿著短褲和T恤進辦公室，採取了更隨性的態度。我整個下午四處坐下來跟工作團隊聊天，比較像是朋友，而不是團隊主管。我掉進了朋友圈，忘了自己是領袖。離開辦公室時，我知道自己犯了錯，但沒有學到教訓。隔週，我重蹈覆轍。員工開始跟我開玩笑，彷彿我是他們的哥兒們。這種互動雖然很有趣，但我開始懷疑，自己是不是在製造日後的問題。果不其然，問題出現了。

接下來一個月，我發現員工給我的報告寫得比較隨便；有天我打電話去辦公室，卻發現員工決定提前下班，因爲外頭陽光明媚；某個團隊成員甚至開始跟走進辦公室裡的女演員約會（公司明文禁止此事）；我還不得不解僱某個團隊成員，因爲那人跟公司「借」了一些錢。我之前以更高的標準管理公司時，從沒遇過這些問題。

請幫自己一個忙：把親密朋友和你的商業關係畫清界線。我並不是叫你不要保持禮貌，而是要你不要態度隨便。而這一切，都從你如何表達多麼珍惜時間開始。

貝琪參加了我在倫敦舉行的活動。她一直試著和員工當朋友，卻營造出我剛剛提到的那種隨性氛圍。她對此備感壓力，因爲那些員工都是她不想解僱的好人。而當她試著鼓勵他們表現得更專業時，對方並沒有當一回事。她決定提升自己的表現，身體力行當榜樣。後來，她團隊中的某人因爲覺得公司氣氛變得太嚴肅而離職，但其他員工的表現都提升了，公司利潤也翻了三倍。

大部分的事都能在短時間內完成

一項活動需要的時間，通常會擴展得跟你允許的時間一樣長，反之亦然。如果給一項活動更短的時間，該活動就能更快完成。

也許你也有過以下我在高中時的經歷：老師在學期開始時宣布，學期末要交一份作業，可以花整個學期慢慢做，但如果願意也可以提早交。因爲作業是學期末才要交，我跟大多數學生一樣覺得時間多得是。現在不用擔心，截止日還早得很，我遲早會開始動筆。

而你已經猜到了，時間一下就過去了，我一直遲遲沒動筆。轉眼間，學期最後一週到來，我不得不面對迫在眉睫的截止日。

就像你在類似情況下做過的那樣，我逼自己進入高速檔，在一個晚上完成大半的作業，最後總計只花了大約兩個晚上就全部完成。原本應該花一整個學期做的作業，其實只需要幾個小時。

生活中幾乎所有事都是如此。若全神貫注、集中精力投入工作，成果往往比我們預期的要多。工作項目花費的時間，總是會隨著我們對它的設定延長或縮短。

試著在更短的時間內以更高效率完成工作，你會發現在極短時間內就能完成大量工作。

當我表現出重視在商業關係中花費的時間，與我共事的人也開始在上班前做足準備。我收到的報告更及時，也更完整，人們甚至開始問我，在我們共處的時間裡什麼最重要。而且，正如你猜到的那樣，我的員工現在很少遲到，而且與我會面時經常早到。

學到碼錶教我的事後，我開始以不同的方式看待生產力，以及該如何管理我的公司。了解時間的價值，也能讓經驗不足的企業管理人犯下的許多錯誤變得一目了然。

現實是，利潤並不是建立在「用時間換取金錢」。你現在得做出決定：不要在「追求金錢」上浪費時間。想建立高效率的公司，並保有自由和平衡的生活，就要了解時間與金錢。

多年來，我不斷遇到成功的企業家，也遇過效率較低的企業家，有些非常富有，擁有知名並獲得認可的國際品牌。但他們效率較低，因爲工作太過努力，沒有盡可能高效使用時間、系統和資源。他們的工作效率對不起花費的時間。

例如，我聽過許多企業教練或懷抱善意的行銷培訓師分享，拓展業務的最可靠方法是「更努力」，說詞包括：

- 想要更多客戶，就得跟更多潛在客戶會面。
- 想要更多潛在客戶，就得參加更多社交活動。
- 想要更多潛在客戶，就得做更多行銷。
- 想看到更豐碩的結果，就得投入更多時間。

在任何你想改善的事情上，基本上都能套用。不管你想改善什麼，投入更多努力就對了。他們常拋出的口號包括「這是數字遊戲」，還有「冠軍總是拿出一一〇%的努力」。

但是，世界頂級商界領袖不會想方設法結識更多人、做更多行銷，或投入更多時間在工作上。

「工作富有成效」並不意味「找更多事做」，而是「在眞正重要的事上做得更多」。在大多數情況下，生產力就是找到方法減少工作量，並提升效率，改善結果。在我的研討會上，我的「做得更少，獲得更多」方法是透過「漏斗效應」。

頂尖人士都把漏斗倒過來

想像一個漏斗：一端有個大開口，底部有個狹窄的噴口。一般人經營生意的方式就像漏斗：他們願意跟任何人見面，總是把更多東西塞進漏斗；每天投入許多小時在工作上，從清晨忙到深夜；盡可能努力推銷，在任何地點向任何人推銷自家商品，在多方面盡了最大的努力。到頭來，這些努力透過漏斗底部的微小噴口慢慢流出——他們對貧瘠的成果感到失望。

現實是，我仿效的頂尖人士採取不一樣的行動。他們把漏斗顛倒過來：**投入較少努力，但獲得更廣泛的收益**——也許「較少」這個詞不是最適合的——換個說法——他們做得**「更好」**，對於把時間花在哪更斤斤計較：他們把時間投入仔細考量並準備好的事；拒絕跟每個人見面；仔細選擇互動的對象，並確保每次開會有目標和準備。他們的另一個做法是，**向最有可能做出回應的分眾市場傳達精心設計的訊息**，而不是做更多行銷。

「發送訊息」是職場漏斗效應的好例子。在網路和社群媒體上，無數人高談自己是多麼偉大的領導者或企業家，有趣的是，眞正的企業家其實忙得根本沒時間每十分鐘就發文。跟你說個祕密：眞正的企業家才不在乎自己在 Instagram 上是否有十萬粉絲，他們對顧客更感興趣，而不是追隨者。他們也明白，大企業（眞正的企業）是由團隊建立的，而不是在社群媒體上刊登個人資料的某人。我知道有很多人不會同意，但說眞的，各位，請看看數字——能透過向「追隨者」或「訂閱者」發文賺到錢的網紅，比例上其實很少。除非你的目標是名聲而不是利潤，或負責的工作是行銷，否則若花費寶貴時間追逐社群媒體上的追隨者，那你可能需要重新審視你的商業模式。後續章節會更深入探討這點。

顚倒漏斗後，需要更仔細審視如何讓努力更有成效。我不希望你做「更多」，而是希望你更專心，把正在做的事做得「更好」。看看所有可以改進的地方，改進後再次審視——這將是你在日後啓用一天工作6分鐘的重要部分。

做得更好，而不是更多，需要更高層次的計畫，而且從一開始就清楚知道目的。多數企業家在這方面苦苦掙扎，因爲他們通常更擅長「創造」，而不是「規畫」。有些企業家宣稱自己只擅長讓事情順利進行下去。他們憑直覺行事或做出必要的隨機應變時，會有某種刺激感。我甚至聽過有人如此定義企業家：「從屋頂上跳下來，在墜落時製造飛機。」的確，隨機應變的能力，是企業家在遇到麻煩時必備的寶貴技能。然而，「隨機應變」並不是建立企業的技能，它應該在緊急情況使用，所以用不到最好。

辛苦掙扎的經營者當中，很多都想要做更多、付出更多、結識更多人，而且天天都得隨機應變。這種不斷忙碌、操勞、掙扎的方式，顯然只會讓公司陷入困境而非蓬勃發展。這些都是倦怠和疲憊的公式。在持續不斷的壓力和掙扎下，人不可能有效經營一家公司。

在我採訪的四百位頂尖商業人士中，沒有一個支持「做更多」的方法，反而在「創造利潤」的體系方面付出更多努力，這支持了前一章談到的那幾個自由目標。

我很喜歡史蒂芬．柯維在《與成功有約》中教導的概念（順道一提，我鼓勵我所有學生把這本書放在必讀清單上）。他說：**「個人的勝利先於公開的勝利。」**意思是，**你必須先學會管理自己，才能在公開場合贏得重大勝利。**這意味著你必須學會在個人層面上正確地運用時間，才能在事業上體驗時間價值的力量。你必須學會在私人生活中建立更好的生產力，才能期望在商業生活中發生同樣的事。

漏斗效應還有很有趣的一點：我們發現大量精力和時間被浪費在對業務其實沒太大幫助的活動上。我常看到年輕企業家純粹爲了保持忙碌而想做點什麼，但這些活動有時不僅浪費時間，且適得其反。

我甚至知道幾起「企業家對自己的公司造成損害」的案例，且修復成本非常高。花點時間了解你該做什麼，以及在哪些方面該加倍努力。

我在多倫多認識了艾德。他成年後的大部分時間是間小公司的老闆。他大多數生意還算順利，卻一直搞不懂爲什麼沒辦法讓其中一項生意更成功。他就是在那時學到漏斗效應的原理。他審視自己的努力，開始意識到自己投入大量時間，但這些努力都著重於能投入多少時間，而不是提升效率。他在隔天告訴我，他取消了一半的會議，且開始審視自己如何運用一整天。採取更具策略性的做法後，他發給我一封電子郵件，告訴我因爲善加安排時間而提高了效率，原本必須從早上七點工作到晚上七點才能產出的工作量，如今只要一小時就能達成。這項發現讓他很興奮，他的家人也是。

愚蠢與頑強的區別：不恥下問及不斷自我改進

很多企業家來找我，提出如下問題：「如果我做得更少，豈不是會得到更糟糕的結果？」會提出這種疑問的人，通常多年來一直試著讓生意上軌道，但似乎無論做什麼都無法順利進行。當我談到「試著少做事以提高生產力」，他們真的很沮喪，並指出自己努力開創的生意成果也很難獲利。

在某些情況下，這些苦苦掙扎又氣餒的企業家會自問是否該乾脆認輸。他們會提起出自拿破崙．希爾《思考致富》的故事，叫作「離黃金只有三呎」，然後問道：「所以愚蠢跟頑強究竟有什麼不同？我應該繼續努力爭取成功，還是只在做蠢事？要怎麼區別這兩者？」

這是個好問題。跟你分享一個比喻，讓你思考一番。

想像你在房間裡，牆壁另一邊是第二個房間，而你想去那裡。頑強的人和愚蠢的人都想進入第二個房間，所以都用頭去槌牆壁。第一次嘗試沒能成功。

頑強的人嘗試另一個位置——還是沒有成果。愚蠢的人在原本的位置再次用腦袋槌牆壁——也沒有成果。頑強的人又換個位置——砰！還是沒有成果。愚蠢的人又在原本的位置用腦袋槌牆壁——還是沒有成果。

第三個人進入這個房間，說：「我可以告訴你們進入另一個房間的門在哪裡。」

頑強的人回應：「眞的嗎？請帶我去。」

知道門在哪裡的嚮導也走向愚蠢的人，邀請對方跟自己前往門口。但愚蠢的人說：「不用了，謝謝，我不需要幫忙，我知道自己在做什麼。」然後繼續在同一個位置用腦袋槌牆壁。還是沒有成果。

愚蠢的人跟頑強的人，差別在哪裡？其中一人願意換個方法，另一個不願意；其中一人願意受教，另一個不願意。

大多數企業家失敗或載浮載沉，是因爲**覺得自己生意（及利潤）的問題只能由自己解答**。他們不願意接受幫助，也不願意向經歷過類似事情的人學習。這也許是我的公司擁有的最大優勢之一，我在做第一筆生意前就熱中學習。我知道自己一無所知，眞的無處可去，只能往上爬。

我在教導世界各地的企業家時，看到很多人是受教的——會成功的通常是這些人。他們不太在意向誰或在哪學習，只在乎這些教導能引導他們和自己的生意走向更高的水準。他們就像海綿一樣，總是在尋找更好的做事方式。

然而採取相反方法的人，試著靠自己找出所有答案，在生意上也什麼都靠自己，最終會變得沮喪又倦怠，他們最終要麼放棄，要麼一輩子不斷掙扎。

同樣地，你必須先在個人生活中學會處理這種事，才會懂得如何在生意上如法炮製。如果你不願放下身段求助，或覺得自己比誰都聰明而不願改進或做得更好——你已經輸了。

我發現有句話在商業和人生中都適用：如果想擴展你擁有的，首先必須擴展自己。你必須先安排好生活，事業才能跟進。

你究竟是「愚蠢」還是「頑強」，由你自行選擇，但我可以向你保證一件事：除非致力於不斷改進，包括學習更加善用時間，否則你永遠無法達到一天工作6分鐘的境界。

練習❶

回顧行事曆，審視你在哪些地方花費太多時間取得成果，而它其實能透過更有效率的方式獲得。制訂計畫和策略，讓你在接下來的一週提升效率。

練習❷

想想漏斗效應。你在哪方面為了得到更多而做得更多，但付出的努力卻換來更少？有沒有什麼辦法能讓你做得更好，而不是做得更多？有沒有什麼辦法能創造可以提高生產力的環境？

問題：6分鐘能做什麼？

- 你如何花費自己的時間？
- 你如何衡量你的時間是如何用掉的？

- 6分鐘真的能改變什麼嗎？為什麼你會有這種感覺？
- 你以前在短時間內有沒有完成什麼？
- 你目前如何定義生產力？
- 如何運用漏斗效應來改變你的商業和個人生活？
- 應該尋求「更好」的時候，你卻在哪裡做得「更多」？
- 你是頑強還是愚蠢？

行動步驟

1 列出目前為了推廣生意而進行的活動，確認它在你的生意上產生的長期和短期結果。查明什麼活動對你的影響最大、哪些工作項目最重要，能幫助你了解這在每週行程上應該在哪個位置。（請記住，有些活動未必能帶來豐厚利潤，但確實有必要。）

2 也許你會想隨身攜帶碼錶。你和別人見面時也許未必會放在桌上，但可能想借助它更仔細地審視一天中的所有活動。你可以從哪裡開始更明智地運用時間？

3 我希望你讀讀《與成功有約》，這是有史以來關於領導力、個人發展和商業成功的最重要書籍之一。

4 你生活中的哪些習慣為事業帶來優勢，哪些又是你的弱點？不必每件事都做到完美，但你需要知道必須把哪些任務外包出去，以及根據自己的經驗來複製哪些任務。我在事業生涯早期僱用跟我一樣的人，這意味著我們放大自己的優勢，但也保留了所有弱點。公司裡有很多漏洞，造成了很多問題。若能定期確認自己的長處和短處，就能增益改善。

本章重點

- 一項活動需要的時間，會擴展得跟你允許的時間一樣長。
- 短時間全程專心的成果，高過長時間的偶爾專心。
- 我們其實都在教導人們如何對待我們。
- 在職場上保持禮貌，但態度不能馬虎。
- 生產力的重點是做得更好，而不是做得更多。

第三章

開創你的生意和收入

若想達到一天工作6分鐘的目標，最重要的是**改變你的財務自由數字**。但我並不希望你止步於此，而是希望你獲得**你的財務富裕數字**。

也許身爲企業家的你有更大的目標：也許是開創一門生意，在特定市場中帶來更大的影響？也許你想在市場上發揮重要影響力？渴望在新的生意類別中獲得名聲和認可？或者是開創新的做事方式，以及更有效的思考方式？

這都是非常棒的目標。無論你的目標多麼崇高，若想繼續經營，就必須獲利。我採訪的一位商業領袖在談到生意時是這樣說的：「如果你賺不到錢，就沒有在業界生存下去的特權。」

多年來，有幾位企業家告訴我，他們做生意不是爲了錢。而說這種話的人，常常撐不了多久。雖然我採訪的一流企業家和商業領袖未必總是把獲利當成首要目標，但也絕對離首要目標不遠。

本章將闡述一些公式，說明你在追求利潤的過程中如何找到平衡，且依然能在市場做出想要的改變。

財富的五大支柱

首先，來看看錢是在哪賺到的。若清楚看到你的組織如何賺錢，你就能更明白該如何規畫生意，以支持利潤之外的重要使命。你可能已經注意到，人們在想盡辦法賺錢時，腦子裡就只有錢；但當他們爲金錢制訂了計畫，並體驗到穩定和成功時，就能將注意力轉移到其他事上。

金錢和收入流經五個主要領域，我稱之爲「財富的五大支柱」。我在採訪前四百名商業領袖時學到這個觀念，它對企業家來說不可或缺，尤其是那些剛起步的人。了解這些支柱將幫助你明白從哪開始，而且在建立你的帝國時如何保持專注。

以下是構成財富基礎的五大支柱：

❶**生意：**這個支柱是指企業和商業活動。這個類別可能包括從一個概念開始創業並使其運作，也可能是購買現有的公司或特許經營權。「生意」這個字常常跟「企業家精神」畫上等號，但你在任何一個支柱上都能當企業家。生意遵循某種獨特的結構，跟我接下來要分享的其他支柱截然不同。生意的獲利沒有上限或限制，而且把一門生意賣給感興趣的第三方，通常要比賣出其他支柱更容易，我稍後會再談到。你想不想以經營者的身分實現一天工作6分鐘？

❷**房地產：**如果你從事房地產，意思是專注於「開創能為你帶來收入」的資產。許多人認為房地產可能是最簡單的收入來源，但其實有很多事得考慮（尤其是擴大規模時）。房地產確實是很多企業家的遊樂場。有些人認為它不像其他創造財富的事業那樣有風險，因為它依附於物業，因此是有形資產，但這未必是事實。大規模的房地產其實有許多活動零件，當它們被正確組裝和管理時，就可能成為最有價值、最有利可圖的支柱。你想不想靠房地產實現一天工作6分鐘？

❸**投資：**我覺得房地產和做生意都能被視為某種形式的投資。在房地產中，你投資物業是為了利潤和現金流；在生意上，你投資是為了創造更多機會。名為「投資」的支柱，是指資金的流動。你的錢或別人的錢，成為你的資產和員工。你透過金錢的移動

與定位來創造收入。很多人在資金流動或投資的領域上實現一天工作6分鐘。你想不想在投資方面實現一天工作6分鐘？

❹**智慧財產：**基本上，智慧財產就是販賣想法。隨著科技進步，透過智慧財產來獲利變得非常流行。例如，銷售線上課程和培訓人數呈爆炸式增長。但我想把你對這個支柱的想法擴展到超越「創建線上課程」。智慧財產包括開創或允許別人使用你的想法和創作，也包括銷售和分享他人的想法。你可能聽說過，麥可・傑克森曾一度擁有披頭四樂團的曲目版權，讓他獲得數百萬美元的版稅，而披頭四根本沒拿到錢。有許多想法可以被原創者以外的人擁有或取得使用權。

此外，你也可以販賣想法的使用權，或買下他人想法的使用權，讓你從他人的成功中獲利。例如，盧卡斯影業公司未曾生產與賣座電影《星際大戰》有關的玩具，但你應該看過，這是因爲盧卡斯影業總是把玩具生產權賣給第三方。所以，你也可以取得某項智慧財產的使用權，或自己寫些故事、把使用權賣給別人，藉此獲利。

警告：請注意，如果你的工作是創作內容，就很難一天只工作6分鐘，因爲你會忙著創作。但如果你是智慧財產權的交易者，就能透過分享他人創造的智慧財產來賺錢，也就更可能一天只工作6分鐘。你想不想透過智慧財產實現一天工作6分鐘？

❺**人脈：**越來越多人運用人脈來創造收入流。也許最明顯的例子，就是在社群平臺上累積大量追隨者或訂閱者，並從中獲利。然而，這並不是建立人脈並從中獲利的唯一方法。例如，我有學生透過一份政治實體報建立蓬勃發展的訂閱者人脈，達成一天工作6分鐘的目標，大部分的工作都交給人脈；另一個學生則使用人脈原理建立成功的教會團體。你想不想透過人脈實現一天工作6分鐘？

我相信，如果你仔細觀察當今的成功企業，會發現根源是其中之一或多個支柱。這五大支柱都需要一定程度的技能才能執行，但請不用擔心，接下來的章節將說明如何獲得這些技能。就目前而言，請先考慮自己想追求哪個支柱。

幾週前，羅德尼寄了感謝函給我。他原本以爲自己很適合房地產，每個人都說這是最好的致富方式，便決定踏入這一行。但事實是，他在向房客索取租金或押金時，總是感到不自在；在必須趕走房客時，實在狠不下心。雖然他在書面上是房產的所有者，但總覺得房客才是老大，也害怕與之交談。聽聞五大支柱時，他認爲房地產並不適合自己，便開始研究並學習投資。他很興奮，因爲他能用自己的錢來賺錢，而且投資的互動方式更符合他想要的人際關係。

你要明白，這五大支柱都能達成一天工作6分鐘的目標。根據我的經驗，每一種支柱達到一天工作6分鐘的方式都不太一樣，有些人可能需要更多努力和時間來建立適當的基礎。但我鼓勵你**尋找真正適合自己的支柱，而不是能讓你更快達成一天工作6分鐘的支柱**。

就我而言，我已將獲利方式多元化，五大支柱都是我人生的一部分。但起初我也是先從一個支柱開始；我鼓勵你也這麼做。我在幫助世界各地的學生建立支柱時，發現某些人具有特殊的天賦和才能，在某些特定類別上更易成功。

你該做的是尋找所謂「低垂的果實」，巴菲特曾提出深刻的觀察：

商業的有趣之處在於，它不像奧運會。在奧運會上，如果你跳水時在途中做了四、五次扭轉，就算進水時有點糟糕，裁判也會考量到動作難度而加分，所以你的分數會比直接跳進水裡的人更高。

奧運會會考慮到動作難度，但商業界不會。你不會因為做了某件很難的事而獲得任何加分。所以不如跳過一呎高的欄杆就好，而不是試圖挑戰七呎高的欄杆。

——摘自二〇一〇年十月十八日CNBC訪談

你的目標應該是從簡單的事做起，瞄準低垂的果實。在建立你的帝國、選擇支柱時，請記住這一點。

而在建造支柱時，需要考慮以下重要事項。

所有權和控制權至關重要

要建立你選擇的支柱，並達成一天工作6分鐘，你就必須擁有並控制支柱。所有權和控制權能讓你做出重要決策，進而達成一天工作6分鐘的境界。如果你有多位合夥人或董事會成員，他們往往會嘗試以傳統方式創建企業，而大多數人只知道「用時間換取金錢」這個方法。事業所有權如果在你手上，未來你就能在想賣掉生意時順利脫手。

下一章將更詳細地探討所有權。

你的熱情和目的應與他人的重疊

你可能已經聽過無數次某些大師或商業教練說，在事業上只要有熱情和目的，就會獲得巨大的成功。但現實是，人們會對很多事抱有熱情，卻絕對不會對一家好公司有這種情感。我在研討會經常使用這個例子：如果你的熱情和目的是一大堆豆豆娃（Beanie Baby，九〇年代風靡美國的絨毛玩具），誰會有興趣以客戶的身分參與？也許會有幾個，但你很快就會失去他們。

若只專注於自己的熱情和目的，就不可能成功。容我再次引用巴菲特的話：「你讓自己喜愛的部分，那是你的嗜好。你讓其他人喜愛的部分，那是你的生意。」

與其專注於熱情和目的，不如看清自己的熱情和目的與他人的交集之處。商業和利潤之間的「甜蜜區」，正是這兩者的重疊處（見圖2）。在這個重疊區裡，你不僅將獲得最大的利潤，在建立事業時也會備感輕鬆。你也會得到使命感和認同感，而它會讓你在服務這個群體時獲得巨大的耐力和回報。你也會吸引與你的生意產生共鳴的人，他們將幫助你發展事業。

奧莉薇是我的學生，她是作家兼人生教練，多年來試圖讓人們對她的人生觀及獨特方法感興趣。她努力讓人們相信她走在開悟的道路上，但成效不彰。她相信熱情會說服人們接受她的思考方式。當她發現自己該去尋找擁有相同觀點、熱情和目的的人時，情況立刻發生了變化。

她不再試著向不接受她的群體證明自己的價值，而只與一群了解她有何想法的人分享智慧。越來越多人報名她的線上培訓，她的學生開始把有同樣感受的朋友介紹給她。

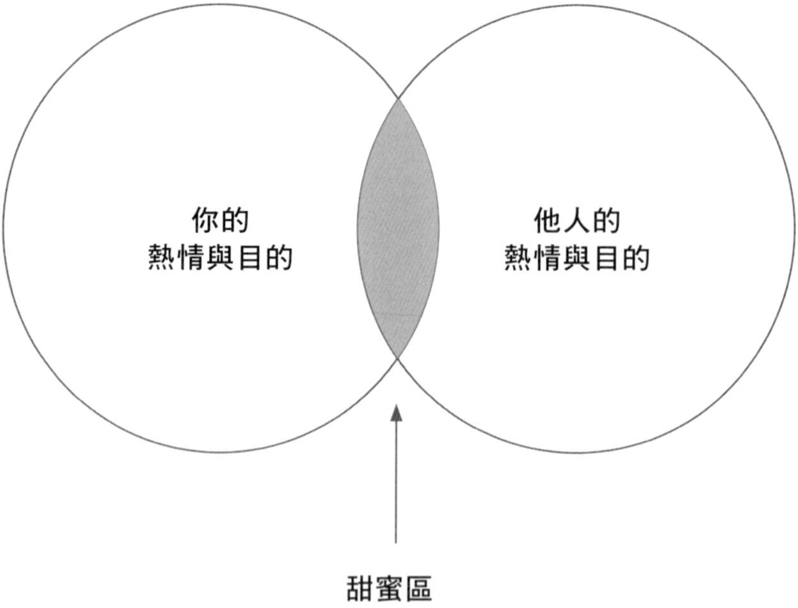

圖2

你需要的不僅僅是好故事

我最近看了一集創業投資實境秀節目《創智贏家》（*Shark Tank*），一位創業家試著告訴潛在投資人，創業成功得建立在故事上。他高談闊論，說人們是從喜歡和理解的賣家那裡購買商品。這番話可能有點道理，但我不太相信這是最吸引顧客的因素。不知道你怎麼想，但如果我不喜歡某個產品，就不會向一家將部分收益捐給慈善機構的公司購買這個商品。例如，我支持TOMS鞋的使命宣言：跟他們買一雙鞋，他們就捐一雙鞋給有需要的人；但除非我眞的喜歡TOMS鞋，否則不會去買。如果他們願意捐鞋給弱勢群體，我當然不反對，可是我不會去買自己不打算穿的鞋。

請小心，不要把太多注意力放在故事上，然後期待巨大的結果。你的產品或服務也需要有受眾。故事當然有適合的地方，但那個地方不在銷售前線。

辨識競爭對手：合作或壟斷

我遇過很多創業家跟我說他有個新穎的想法，所以在市場上沒有競爭對手。每次聽到這種話，我就立刻感到擔心，因爲這意味著兩種可能性。第一，可能眞的沒有競爭對手，這表示民眾對他們提供的東西沒有需求或興趣，也意味著他們將很難創造收入。而在大多數情況下，當我聽到「沒有競爭對手」這句話時，通常意味著第二種可能：這個創業家沒有對市場進行足夠的研究，不知道其實有競爭對手。他們通常會驚訝地發現自己的想法早已在市面上存在，而且競爭對手有時已經做得比他們更好，而且有良好的定位和資金。

發生這種情況時，我不會鼓勵他們退出，也不會說出這種話，反而希望對方考慮兩種選擇：**與競爭對手合作**，或是**精通你生意的每一個部分**。

「競爭」這個詞，暗示著與某人正面交鋒，力量對抗力量，尋找透過降價、品質、速度、多樣化之類的手段來超越對手的方法。以這種方式競爭，往往會導致敵對的兩家公司爭奪市占率。我建議的答案是，在**競爭這個字裡頭多加一個字母，把「競爭」（compete）改成「完整」（complete），你馬上就有了一個潛在的合作對象，而不是競爭對手**。

請自問能做些什麼來讓你的商品更有價值，或改善現存的商品條件。顧客在跟你的競爭對手進行交易之前、期間，甚至之後，會需要什麼？

在與競爭對手合作的過程中，我親身體驗了非常有效的成果。他們眞的成爲我事業上強大的隊友，因爲他們帶來了客戶，提升了口碑，爲我進行行銷，甚至以豐厚的價格收購我的公司。

「合作」就是新經濟。

對付競爭對手的第二個方式，是我在「擁有影響力的企業家」（Entrepreneur of Influence）培訓課程分享的一句話。這句話很簡單：**精通等於壟斷**。這句話是什麼意思？越是精通你所做的事業，面對的競爭壓力就越小。你越是優秀，能與你競爭的人就越少。

想辦法拿出更好的產品、系統、行銷，與更好的一切時，人們會選擇跟你而不是你的競爭對手做生意。高品質爲你建立了壟斷地位，請務必追求卓越（稍後會再談到這點）。

保持專注

充分考量五個財富支柱後，我鼓勵你思考如何變得更專注。你不可能滿足每個人的要求。我永遠不會忘記幾年前在社交場合遇到的某位企業家，他給了我名片，其中一面列出四個迥異的企業，並附有商標。名片的另一面，他的聯絡方式周圍擠滿了另三家公司的名字。我記得他遞名片給我時，我感到非常困惑，上頭的公司性質差異很大。我禮貌地把名片收進口袋，聽見腦海裡響起「萬事通，樣樣鬆」這句話，面前的這個人確實符合此描述。當時我已經知道自己不會跟他做生意。

之後，我常想起此事。我每次參加社交活動或尋找做生意的對象時，總是在尋找我的錢能買到的最佳支援——請原諒我的誠實，但我從來不是在尋找萬事通，或無法對我有幫助的人。我絕不會把生意交給缺乏專注力的人。

也許你聽過百萬富翁至少有七個收入來源，或許這讓你覺得應該預先建立超過一個財富支柱，好更快累積財富。但你若花點心思研究，會發現百萬富翁的收入來源是一次一個建立起來的；又或許，這些多重收入流是連接在同一個支柱上。請花點時間從一開始就把事情做好，第一個收入流變得更穩固後，你會有充裕的時間創造更多收入流。

你可以把它想像成樹根。你希望樹根扎得深且長得粗，但你有沒有注意到，一棵小樹需要更多的關注，甚至額外的支撐？隨著根扎得越深，樹幹變得堅固後，樹就能靠自己站起來。我從沒見過哪個園丁在森林裡替高大的橡樹澆水。橡樹一旦長大到某種程度，通常就能照顧好自己。你的事業也可以跟大樹一樣——請以此爲目標。

前幾天，我跟友人克里斯·布朗聊天。你可能聽過他，他是 Ted Baker 的共同創辦人。他告訴我，在創立「Ted Baker」時投入了所有心血。談到把所有心力投入事業時，我們都笑了，因為意識到我們從沒聽過哪個成功企業家會說「我的公司非常成功，而我在創業時只需要偶爾關注它」這種話。

看到這裡的你可能會心想，且慢！這本書不是教人怎麼一天工作6分鐘就好嗎？我想提醒你，你在創業初期會需要每天工作超過6分鐘。你必須投入所有心力！就算你已經能夠一天只要工作6分鐘，確保自己充分關注事業也極有幫助。

問題：如何開創生意和收入？

- 五大財富支柱當中，你最感興趣的是哪一個？
- 你在哪些企業家身上觀察到這類支柱？
- 你是否掌握並控制你的支柱？
- 你的熱情與目的如何與你想服務的對象產生交集？
- 你在市場上的競爭對手是誰？如何與之合作？要怎樣變得比他們更有價值？
- 你要專注的重點在哪裡？

行動步驟

1 考量五大財富支柱，選擇其中之一來努力。你可能會注意到有些支柱可能重疊，但我還是鼓勵你選出想從事的主要領域。請記住，你總有一天會為了求助而不得不向他人描述自己在做些什麼。確認你的特定支柱後，請花點時間想想自己為什麼選擇這個特定領域。

2 選好支柱後，記住我的話：盡可能去了解一切。你學到的答案，將永遠影響你能獲得什麼。如果你不知道答案，就無法使用。在起步階段，我鼓勵你花大量時間成為該類別的專家。現在不是期待一天只工作6分鐘的時候，你還在打基礎的階段。

3 為了更精通你的事業，請讓客戶參與，開發出你能創造的最佳生意。仔細觀察競爭對手在市場上的動向，思考他們為什麼會選擇這個方向。他們想在哪方面變得更好或更精通？但請記住，客戶的意見始終是最重要的。若無法獲得客戶的讚賞，創新就沒有意義。

本章重點

- 所有成功的公司都能歸納成一套財富支柱原則。
- 熱情和目的，比不上驗證和獲利能力。
- 競爭對手可能是最好的合作夥伴。
- 「合作」就是新經濟。

- 精通等於壟斷。
- 不要沉醉在自己的事業故事裡。
- 把心力集中在你的事業上。
- 把心力集中在選定的「一門」事業上。

第四章
你能拿什麼跟別人交易？

訪談頂尖人士和企業家的幾年後，我準備創立自己的事業。當時我經常跟千萬富翁和億萬富翁見面，聽聽他們如何建立商業帝國，那些故事令人難以置信又鼓舞人心。每次認識新的人，我的興奮和熱忱都會增加。我知道創業將是我的人生道路，迫不及待地想開始。

某天下午，我跟一位商業領袖見面，提到準備創立事業。令我驚訝的是，他不僅鼓勵我，還表示希望成爲我公司的潛在投資人。那是我這輩子最興奮的時刻之一。

我們繼續談論我的新事業，我問他，他在考慮投資我公司的時候希望看到什麼。答覆很簡單：他希望看到一份商業計畫書。雖然我從沒創立過公司，但相信自己有能力提出一份。我們約好一週後見面，那天我走出他的辦公室，興奮地開始制訂我的商業計畫。

我在網路上和圖書館做了研究，查看商業計畫應該包括哪些要素，以提高成功的機會。在很短的時間內，我繪製了時間表、行銷計畫、人口統計圖表，以及能想到的所有資料，來表明我知道自己在做什麼。我到住家附近的二十四小時影印店，在一大堆印刷、裝訂和護貝選項中流連，致力於把這份計畫書打造成那個朋友所見過最好、最完整的商業計畫。

隨著這本商業計畫書的厚度增加，我的自信也隨之提升。我當時愚蠢地決定：計畫書越厚，就表示我越聰明。我開始把稍微有點意義的東西都塞進去。

我忙完時已經快凌晨三點，成果是一份三吋厚的裝訂文件。我非常興奮。

我走進潛在投資人的辦公室，祕書請我先入座。不久，友人到大廳迎接我；我拿出三吋厚的商業計畫書時，他露出了我期待的「哇！你很忙喔」的反應。

一進入辦公室，我就把計畫書放在桌上，讓他好好再看一次。我眞的希望他會說我注定會成功、絕對是商業天才。但他再次祝賀我努力工作，沒打開計畫書，而是直接提出問題：「所以，主要交易是什麼？」

我只能保持微笑。我從沒聽過什麼「主要交易」。

我談起人口統計，希望他能在這漫無邊際的說詞中找到答案。過了大約一分鐘，他面帶笑容，再次提出疑問。

「你的關鍵交易是什麼?」

我擔心他察覺我聽得一頭霧水（當然，我確實是），開始高談聰明的行銷策略，以及如何透過創意廣告在市場上超越其他人。

他又笑了笑，再問了一次：「你的交易是什麼?」

我再次試著掩蓋自己的無知，說起計畫書中的分銷模式細節。這一次，我知道自己被逮到了。他只說：「你其實聽不懂我所謂的『交易』是什麼吧?」

我的沉默背叛了我。然後他拿出一張紙，畫了張圖給我看。他在其中一邊寫下「公司」，說這代表我，接著在另一邊寫下「顧客」。

然後他在頂端畫了個弧形箭頭，從公司投向顧客；接著在底部也畫了個弧形箭頭，從顧客投向公司。最後，他在這條箭頭旁邊花了個「$」符號，見圖3。

他解釋，交易是指顧客拿錢跟你換到什麼東西，而圖3這個簡單的圖表是一切商業成功的起點。我可以寫下一頁又一頁的計畫書，大談人口統計、行銷和分銷，但如果不了解交易本身，那這些都不重要。**交易就是生意的基礎**。

- 得先了解交易，才能找到合適的人口統計數據。

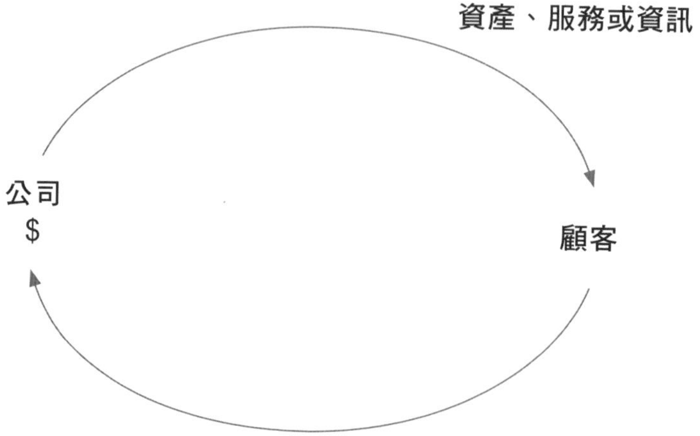

圖3

- 除非知道需要如何吸引顧客參與交易，否則行銷是浪費時間。
- 在知道核心交易之前，分銷和製造之類的事其實無關緊要。

這番談話讓我更了解「交易」這個令人難以置信的概念；我和我的導師談到找出讓交易發生的一切所需步驟的重要性，也會在之後的章節中詳細討論。

我從那時開始意識到，交易圖（圖3）跟上一章談到的五大財富支柱非常契合。

此外，如果去思考顧客將從你的公司得到什麼，那麼你能出售的商品顯然只有三種選擇：資產、服務或資訊。

資產是你交付給顧客的有形產品。在商界，產品可以是任何類型的新產品或創作；在房地產界，資產就是房產本身；在投資界，資產包括股票或證券；在智慧財產領域，資產可能是產品或錄製檔；在人脈領域，資產可能是潛在客戶名單。你明白我的意思。

服務是爲了支持客戶而進行的任何類型的活動。你的生意可能是幫人清潔環境；房地產服務可能包括出租倉儲；投資服務可能包括提供融資；智慧財產服務，可能是幫顧客解決問題或擔任顧問；人脈方面的服務，可能是介紹人與人認識。聽起來很簡單吧？

資訊這兩個字不言自明，你販賣的東西就是知識。在這個類別中，幾乎所有東西都能被視爲智慧財產，雖然你在五大支柱的任何一個領域都能販賣知識。

資產、服務和資訊，其實就是你唯一能出售的三樣東西。把支柱、交易和你要賣的東西放在一起，就會看到你創立的事業開始成形。

建立交易

回到交易圖。正如先前提到的，爲了讓顧客獲得你在銷售的資產、服務或資訊，並讓你收到他們爲此支付的款項，有些事就必須發生。

探討圖4的要素前，先談談「購買」這件事。

公平價值交換

你可能聽說過「公平價值交換」這項原則。這年頭很多商務教練和企業培訓師高談此概念，但多半對此並不了解。顧客其實對公平價值交

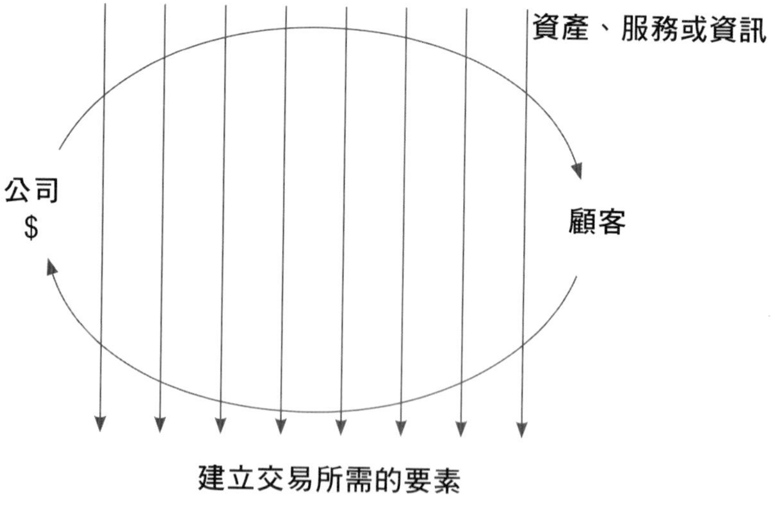

圖4

換並不真的感興趣（至少不是那些所謂的專家描述的那樣）。公平價值交換通常被認爲是建立一套對公司和顧客都有利的交易，創造出基本上來說很「公平」的東西。

但仔細研究，你就會明白爲什麼這行不通。假設你擁有一項資產，價值是一美元。你花了一美元創造它，它耗費了你價值一美元的時間，所以說它「值一塊錢」似乎是公平的。

接下來，想想顧客的心態。如果你是顧客，我在你面前拿出一美元的鈔票，要你花一美元買下，你願意嗎？

應該不願意。爲什麼？這個嘛，因爲拿一塊錢換取一塊錢，這麼做沒什麼意義。沒人獲勝，沒人獲利。對雙方來說，基本上是浪費時間和精力。我相信這就是爲什麼許多公司難以取得成功、蓬勃發展——他們大多要求顧客拿一塊錢換取一塊錢。

接下來，再次想像你是顧客。你爲什麼買下某個東西？

應該是因爲你買下的東西，似乎爲你提供了超越它本身價格的價值。如果某個東西價值一塊錢，而你支付了那一塊錢，是因爲你覺得收到的價值至少值兩塊錢，也可能值三塊錢，甚至更多。你獲得的價值讓你感覺良好，在外表上看起來更好，能賺更多錢，擁有更多力量，讓你感覺更性感——總之比付出去的那一塊錢更讓你滿意。你可能開始明白我的意思了。**除非覺得自己獲得的回報超過一塊錢，否則人們絕不會付出這一塊錢**。

目前爲止，這個觀念聽起來很好，直到你意識到，這種交易非常傾向於造福顧客。如果一家公司總是以一美元的價格爲客戶提供三美元的價值，應該遲早會倒閉吧？

也許這就是爲什麼我們得先停下來，談談那套公式的另一面。

爲了讓你的公司樂於接受客戶付出的一美元，**你需要找到方法來創建成本低於一美元的產品，而且還讓客戶覺得自己賺到了**。

如果你能找到這個平衡點，就獲得了真正的公平價值交換。

很多公司已經找出方法做到了。挑戰在於，市場上有太多公平的報價。公平報價其實無法產生令顧客驚嘆的體驗。沒有人會花時間讓親朋好友知道哪裡有意料之內的報價或交易，但都願意花時間好康逗相報ＣＰ值高的交易及產品。

因此，你的目標並不是創造公平的交換，而是提供強烈的「哇！」體驗，藉此建立客群。你在建構想創建的交易時，需要了解的是，你提供的報價越是令人難以抗拒且能讓公司獲利，就會獲得更多的交易，最終交易將決定你的獲利。

例如，你寧願從一萬筆交易中賺到一美元，還是完成一百筆交易而從中賺到一千美元？如果你計算正確，你寧可交易數量較少但銷售價值較高，不是嗎？

如果你能把最初的一百筆交易擴展成一萬筆，但一千美元的價格保持不變，這樣會發生什麼事？你的營收就變成了 10,000 ×1,000 = $10,000,000。

想擴大公司規模，重點是進行交易的筆數和金額，而不是在多少地點或國家服務。**擴大公司規模，就是增加成功交易的數量**。

威爾森花了不少錢設立更多分店，並聘僱員工來服務這些據點。他評估成功的標準是每個員工能帶來多少交易量。他的觀念是，增加利潤最快的方法，就是找更多幫手。意識到規模的重點是交易數量而不是多少人創建交易時，他恍然大悟，開始花時間看清楚他的交易究竟如何產生，以及顧客來自哪裡。他也仔細研究了顧客的其他需求，創造額外的產品來服務他們。在短時間內，他的獲利翻了三倍。

交易的三個部分

若業務規模由交易數量決定，我們必須盡可能了解如何建構這些交易，因爲越了解這個層面，就越容易達成一天工作6分鐘。

了解交易，就能獲得協助，建立我們的事業、服務顧客、確定如何及在哪裡擴張，甚至何時轉向。

你應該還記得先前提過，爲了讓顧客付錢給你，也爲了讓你向他們提供資產、服務或資訊，有些步驟就需要發生。

這些步驟可分爲三個主要領域（並不包括隱藏在顧客視野之外的業務要素，例如公司運營、員工培訓、管理、簿記、會計和其他類似細節），我稱爲「告知」「銷售」和「服務」，你會發現許多內容符合這三個主要領域。

告知：「告知」是指你告訴顧客關於產品的資訊，包括行銷、品牌、公關等。你的顧客如何聽說關於你的消息，以及該內容包含什麼訊息，就屬於「告知」的領域。

銷售：交易的「銷售」層面，其重點不僅關乎銷售本身，也關乎把資產、服務和資訊轉移到顧客手上，以及顧客付出的費用轉移到你手上，包括實際的銷售過程、交付商品，甚至收款。當有人欣賞你的提議，想與你的公司做生意時，就是「銷售」的步驟讓他們繼續維持與你的關係。

我的一位導師說過：「在生意上，除非達成一筆銷售，否則什麼也沒發生。」我十分同意。

值得指出的是，銷售過程越輕鬆，銷售額就越多。你應該努力改善這個領域。

服務：服務是在售後發生的事情，可能包括「交付商品」的相關要素，但重點是交付後發生的事情。你的顧客能獲得哪些支援？怎樣讓他們持續對交易經驗感到滿意？你的服務流程是否鼓勵人們再次購買商品，或將你推薦給朋友？

這些步驟將成為你的系統基礎，也會支持你把標準工作日縮短成一天工作6分鐘。請花時間充分了解關於交易的要素。

你也必須了解，這些要素在今日交易中運作的方式，可能與未來不同。科技和市場天天都在變化，顧客今天跟你購買商品的原因，日後可能會徹底改變，或是新的創新會需要你做出大規模變化。二〇二〇年，隨著新冠疫情席捲全球，人們做生意的方式也發生巨大變化。雖然很多人做好了準備、能快速調整，但也有很多人做不到，被迫結束營業。我認爲這些生意失敗的最大原因，是他們不了解自己公司所從事的交易，也就不知道該採取什麼步驟來透過告知、銷售和服務來改變並維持交易。

市場挑戰總是會揭露誰是幸運兒，誰眞正知道自己在做什麼。請勿任由運氣來決定你能否成功。

成功的順序

到目前為止，我們一直專注在「交易」這個概念，也確實有此必要。大多數人誤以為交易純粹是為了獲利和賺錢，但現實情況是，公司和顧客必須先建立關係，錢才會出現。想想顯示公司與顧客之間交流的圖3——光是那個順序就幫我們上了一課。

很多企業之所以失敗，是因為在看待交易時把金錢放在首位。我最近跟一位資歷很淺的商業教練談過，他希望我協助他發展業務。我請他說明課程內容，他只回答：「我賣給初學者的課程是一堂九十七美元，然後晉升到四百九十七美元的課程，之後是五千美元的輔導課程。」

我立刻明白生意不好的原因。他從商品的價格開始講起，而且定價是依據他看到競爭對手收取多少費用。但現實是，你的顧客和我的顧客不會只因為我們定價相同而購買東西。我請他說明課程，他開始描述爲每個級別的學生做了什麼。

在九十七美元的級別上，學生會收到我寫的一本書和一系列影片；在四百九十七美元的級別上，學生能觀看由四堂課組成的影片課程；在五千美元的級別上，學生在一個月裡每星期能跟我通話一小時。

他對此顯得滿意，但我不覺得。沒人會因爲某個東西如何被製作，或自己能跟賣家互動多久，而決定掏錢。這樣是不夠的。在這類訊息中，顧客沒有眞正感知到某個產品或服務**將如何幫助自己**。顧客花錢不是要購買過程，而是**成果**。

請仔細想想：你開車去得來速，是爲了買起士漢堡，還是在另一輛車後面排隊，對著麥克風下訂單，然後開車到結帳窗前？你之所以排隊，是爲了起士漢堡。你只想要結果，對這趟體驗的其他面向都不感興趣。

我向這位商業教練談到這點，他開始明白我的意思。

我請他描述，他的顧客實際上究竟會得到什麼，而且在他提供的每個級別上究竟能做些什麼。他們能看到什麼成果？

爲了回答這個問題，他必須遵照交易「成功的順序」：**首先是人，然後是商品，再來才是獲利**。

想找出你的成功順序，請先想想你的交易能如何幫助人們。請回想「價值交換」和「創造出令人難以抗拒的提議」。你要如何拿出符合顧客需求的提議，並幫助他們實現想要的成果？清楚看到他們究竟想實現、感受或成爲什麼之後，就能跟他們分享可以幫助實現這些目標的商品。

透過產品，他們能看到自己的目標將如何實現。向他們展示商品，就像向他們展示能把他們帶去目的地的道路和汽車。

如果你也專注在顧客將體驗到的結果，並幫助他們了解你的商品會把他們帶去目的地，便將獲利。

在尋找商業教練或投資人時，請提高警覺。雖然市面上有很多自稱「顧問」的好心人，但大多未曾建立或參與過大企業。他們或許眞心想幫你，但可能並沒有能力。大多數人在僱用某人來支持自己的生意時，從不考慮的三件最重要的事情是：

1 他們是否對你的財富支柱（生意、房地產、投資、智慧財產或人脈）有經驗？

2他們是否曾取得高水準的成功，而且現在也很成功？（在日新月異的市場中，過時的資訊對你不會有幫助。）

3他們是否擁有能支持你成長的人脈？請記住，生命力旺盛的公司都是透過人際關係和人脈建立的。你的公司就是你的冒險，不要因爲找了差勁的幫手而害自己處於不利境地。

問題：你的交易是什麼？

- 你的核心交易是什麼？
- 你如何讓交易處於你的商務重點的核心？
- 公平價值交換在你顧客的眼裡是什麼模樣？
- 公平價值交換在你的眼裡是什麼模樣？
- 你要如何產生公平價值交換？
- 你要如何擴大公司規模？
- 你目前如何向人們介紹自己？
- 你的顧客如何跟你維持關係？
- 你的銷售流程是如何架構的？
- 你如何為顧客提供服務？
- 對你而言，「服務」是什麼意思？
- 你的產品如何支持顧客正在尋找的結果？
- 你是如何因為把利潤放在首位而沒能擴大公司規模？

行動步驟

1 若想達成一天工作6分鐘，請列出所有需要在「告知」「銷售」和「服務」三大領域發生的事，以促進交易。盡可能了解需要做些什麼來促進交易，也必須辨識哪些具體活動最重要，甚至可按優先順序來標記。現在就製作這份清單，你就能在進入「一天工作6分鐘」的下一階段前做好準備！

2 我建議你真正去了解市場。列出目前在這個類別裡的競爭對手，看看他們實際上在哪裡賺錢。

3 請仔細思考：你試著創建的交易是什麼？把它簡化為你能做到的最小、最具體的行動。這個交易將成為你所有行動的指導方針。

4 花點時間詢問顧客，了解他們認為你提供的商品究竟哪裡有價值。你要如何在不花費更多時間或金錢來創建產品的情況下，讓你的產品在他們眼裡更有價值？

本章重點

- 商業計畫書的厚度毫無意義。
- 如果無法簡單說明你的公司使命，你就沒有公司使命。
- 你嘗試創建的交易，必須指引你的生意的所有面向。
- 顧客在尋找一筆好買賣，而不是公平的買賣。
- 令人難以抗拒的商品不一定更貴──只是更精準地瞄準了價值。
- 交易量直接影響公司的盈利。
- 想擴大公司規模，重點是交易的數量，而不是在多少地點或國家服務。
- 人們要買的是成果，不是過程。
- 成功的順序是：人，然後是商品，再來才是獲利。

第二部

一天工作 6 分鐘

第五章

實現「一天工作6分鐘」的三階段

了解基礎原則後，就要開始談談如何從標準工作日縮短成一天工作6分鐘。我在研討會上與學生分享這個步驟時，很快就有人意識到，把標準工作日壓縮爲一天工作6分鐘的想法，通常稱爲「被動收入」。

這是事實。一天工作6分鐘，實際上就是在談論「如何創造被動收入」。我沒一開始就直接說出被動收入這幾個字，主要是因爲大多數人並不了解它的含意，且常與許多錯誤想法和觀念畫上等號。

例如，很多人以爲被動收入意味著可疑的一夕致富商業模式。但現實是，**所有企業都建立在被動收入的原則上**，而且如果做得好，就能透過你沒有創建或監督的交易而獲利。稍後會再談到這點。

我還聽過人們說被動收入是只發生在網路上的新事物，得擁有一套特定技能才能發揮作用——可就算這樣也很少成功。但現實是，**被動收入向來是生意的一部分**。雖然它可以借助科技（例如網際網路）來實現，但不一定總是需要科技幫忙。我想指出幾個好例子，包括收取物業租金（在這種情況下，是資產負責賺錢，你其實沒做多少事），或是借錢出去並收取利息（這個案例也是錢在工作，你不用做太多事就能獲得利潤）。

關於被動收入的另一個錯誤想法是，很多人以爲如果好得令人難以置信，那可能就是假的。但說這種話的人沒意識到的是，被動收入不會自動發生，而是需要付出相當多的努力才能產生。

對這類收入更準確的描述是「收入被動」。這個詞彙意味著你必須先建立收入和一套系統，而這產生了一種被動的生活方式。但最準確的描述，也是我選用的詞彙，叫作「槓桿收入」。

我們都知道槓桿是什麼，小時候甚至還用過。若想移開大石頭，可以找根棍子，當成槓桿；若使用正確，這根槓桿就能夠撬起石頭。

哲學家阿基米德說過：「只要給我一根夠長的槓桿和一個支點，我就能舉起地球。」

所有財富和自由都是透過槓桿創造的，可是它不會憑空出現。你需要了解建立槓桿所需的努力，以便在達成一天工作6分鐘的路上控制好自己的期望。

我們已經討論了你必須做的幾件事，其中一些需要花費大量時間和精力。這些事不是不可能做到，也沒有超出以副業來說所需的努力。我擁有來自幾乎每個國家的數千名學生，他們建立了這些基礎，然後運用槓桿從中受益，並擴展業務。

什麼是槓桿？

槓桿是使用一套系統，而你如果想要一天工作6分鐘，就得準備好需要的系統。你將使用系統，來讓自己從「用時間換取金錢」中解放出來。實際上，只有兩種系統是你能用的：**委託**和**自動化**。

委託

委託是指利用他人的技能、才華、知識、勞力、時間和努力來創造你的交易。你應該還記得，上一章談到要讓交易發生需要完成哪些步驟。那麼，你首先要使用的系統是委託：讓別人——而不是自己——進行交易所需的活動。我知道這聽起來很簡單，但請繼續看下去，我會說明這麼做的過程。

自動化

建構系統的第二種方式，是透過自動化、科技和現有系統。我指的不僅僅是網際網路，而是所有形式的科技和自動化；這也包括使用他人創建的系統，例如如果選擇的財富支柱是房地產，你可以使用物業管理公司建立的系統。現有的系統能處理所有事情，像是維護、收取租金、尋找租戶。之後的章節會詳細談論自動化、科技和現有系統，因爲這是實現一天工作6分鐘的關鍵。

有種程序和方法能有效結合這些系統、實現一天工作6分鐘，而本書剩餘的篇幅都將著重於此。我想強調一件事：到目前爲止分享的，並不是理論或天馬行空的夢想，我將這些想法付諸行動，我的許多學生也是，而你也能做到。但你需要對接下來的步驟有正確的預期，如此一來，當事情進行得不太順利時——這是正常的——你就不會氣餒、放棄，說我分享的東西根本沒用。

接下來的章節將討論使用槓桿的三步驟，以一種可維持的有效方法讓你實現一天工作6分鐘。我想先在這裡概述這些期望，好讓你了解前方可能發生的事。我寫本書的目的，是爲你提供實現一天工作6分鐘所需的方法，請實際運用即將說明的公式。

請專心學習這個部分，因爲意外和錯誤期望往往是企業家失敗的原因。如果你知道之後會發生什麼，現在就能投入所有心力，繼續前進。當意料中的狀況出現，你會知道自己走在正軌上，而不是懷疑、恐懼、失敗和放棄。

第一階段：創業

實現一天工作6分鐘的第一部分，就是創業。

我向你保證，這部分沒辦法在每天6分鐘內完成，而是肯定需要更多的時間、精力、計畫、修正和持續努力。把它想像成播種，你將必須選擇種籽和適合的土地，在種植時監視這些脆弱的種籽並做出調整，以確保存活。你可能需要長時間工作，早早起床。在這個階段，你將辨識需要創建哪些系統，而且要如何獲得他人、科技和現有系統的幫助，以達成委託和自動化。

在這個階段和之後的路上，你可能會發現引入的某些系統並不是最適合的。可能需要嘗試新系統，有些可能得修改，甚至丟棄。有些系統在啓用時很有效，但很快就得更換。

在這個階段，你必須非常投入。我看到一些企業家太快把韁繩交給別人，結果生意很快就失敗了。你必須非常小心地從這個階段轉移到下一個階段。就像小時候玩的遊戲：把一顆雞蛋放在湯匙上，把湯匙含在嘴裡，試著保持平衡。當你把雞蛋轉移到下一個階段時，需要非常小心和專注，否則可能得從頭來過。

這個階段通常也是最昂貴的，但這時你不能吝惜成本，因爲此階段必須做得正確。你必須合法且正確地設置這個階段。你需要爲公司建立架構，像是如何聘僱員工、保存相關紀錄；也需要找財務專家協助整理財務報告，這樣就不用繳納太多稅款，還能做適當的預測和計算；在創建品牌和公司形象方面，你也需要找到適當的助手——想給人留下良好的第一印象，你只有一次機會。

正是因爲這些和其他原因，這個階段往往最爲昂貴。而最具挑戰性的部分是，很多費用必須在開始賺錢之前支付。之後的章節將討論到提高成功率的策略。

對創業階段的期待

- 這個階段通常需要每天工作三到十二個小時。
- 平均來說，需要三個月到三年才能走完。
- 一般來說，這個階段的財務很困難，利潤（如果有的話）也很微薄。

內特是一位連續創業家（有超過一次「成功」創業經驗的創業家），持續不斷開創新事業。他碰過的一切似乎都能繁榮茁壯……至少在一段時間內。我們見面時，他表示這是反覆出現的挑戰。仔細觀察他的情況，我發現他有許多企業家都有的煩惱——創業週期。創業週期的問題，發生在創業者不知道如何從公司的創業階段過渡到下一個階段（稍後會討論）的時候。如果創業家不知道如何進入下一個階段，就注定要一次又一次重複已經精通的階段。請繼續讀下去，你會看到我們最終如何幫助內特創建出永續發展的企業。

前段時間，我和約瑟夫．福斯特談過。約瑟夫是銳跑的共同創辦人，聽他描述如何開創銳跑，眞的很有意思。他遇過很多挑戰，很多問題在偶然間解決。我最喜歡的一個故事，是他們如何想出銳跑這個名字。（我就不在這裡爆雷了，但強烈建議你上網搜尋。）

創業階段非常有趣，有很多快樂的意外和機運。我採訪頂尖商業領袖時，發現他們的共同點是很高興有機會分享自己事業旅程中這部分的故事。

請享受舞臺，尋找有趣的時刻。UGG靴創始人布萊恩·史密斯跟我說過，他認爲多數企業家面臨的最大挑戰，是試圖加快速度、盡快取得成功，而非享受自己目前的狀態——專注於當下。他當時的說詞是：「請滿足於當蝌蚪，別急著變成青蛙。」

第二階段：維護

從創業階段畢業後，你會看到一些「時間自由」出現。在這個階段，你在創業階段採用的諸多系統開始找到方向。你最初點燃的那團火變得穩固，而且熊熊燃燒。

你原本全力投入創業階段，所以退後一步會覺得很奇怪。有個朋友跟我說過一個笑話——未來的成功企業將由三個要素組成：一臺電腦、一個人，還有一條狗。人會設置電腦，而狗會負責阻止這個人再次碰電腦。很多時候，人們在維護階段還一直忙著公司和自己建立的系統，彷彿還在創業階段，結果搞砸了一切。

你在創業階段僱用了聰明的人，建立了良好的系統，現在就需要讓開，讓這些人才和系統工作。

你可能聽過這句充滿智慧的話：「如果你是機械裡的小齒輪，你就是機械裡的小齒輪。」請讓你製作的機械盡情運轉。第七章將分享許多企業家在維護階段經歷的其他挑戰。

在維護階段，你也需要開始探索夥伴關係、合資企業、合作、招聘及其他方式，來獲得支持和幫助。若沒弄清楚自己需要什麼支持，可能會遇上很多麻煩。一旦讓其他人參與，事情就會變複雜。

我採訪過的頂尖商業領袖幾乎都表示，最棒、最具挑戰性的時刻跟「把人們帶進公司」有關，而他們在那些時刻成長得最快；與此同時，他們大部分的煩惱也跟「把人們帶進公司」有關。之後將討論你可能遇到的挑戰、如何做好準備，甚至預防它出現。

我經常聽到企業家說維護階段很乏味，而我並不太贊同。我認爲覺得這個階段很無聊的人，應該是哪裡做得不太對。我覺得維護階段令人興奮，因爲公司從脆弱轉爲順利運作。請務必享受維護階段的時光。

對維護階段的期待

- 這個階段每天大概需要工作三十分鐘到三小時。
- 平均而言，這個階段可能需要六到九個月。
- 一般來說，微薄利潤會在此時開始出現，但常不夠穩固。生意有時好，有時差。

第三階段：擴張與延續

我的大多數生意就處於這個階段，而你會在擴張階段開始體驗眞正的一天工作6分鐘（有些日子甚至根本不用工作）。在這個階段，你的角色轉變成眞正的企業家——

你是管弦樂隊的指揮，公司裡很多事情現在都自動發生，你的生意上了軌道。我會在這個階段尋找新機會，看看能如何擴展正在做的事，聘請新幫手或尋找額外的系統。當然，此時我處於一種衡量的狀態，尋找改進公司的方法，但也有很多幫手。

「擴張」是身爲企業家最有價值的層面。我很喜歡遇到對我的品牌有過良好體驗的人，也很喜歡跟幫忙實現此一目標的人分享成功，包括客戶。畢竟，這不就是工作的重要原因？

我曾與法蘭克．麥奎爾進行關於「成功是什麼」的訪談，他曾負責行銷美國航空、肯德基和ABC頻道。對我來說，他就像長輩，我們經常共處。他最知名的身分，是聯邦快遞的四位創始人之一。

在他離世前，我很喜歡花幾小時聽他講述聯邦快遞崛起的故事。他分享了關於成長、擴張、永不放棄的智慧。每次他描述聯邦快遞早期面臨的挑戰時，都會以激勵人心的勝利故事做結尾，讓人覺得一切辛勞都是值得的。

我想這之中確實有個強而有力的教訓：雖然創業可能會遇到艱難的時刻，但只要堅持努力，艱難最終將伴隨強大的勝利故事。成功不是偶然，最知名的國際品牌也會面臨成長的挑戰。

有趣的是，我從法蘭克的談話得知：就連聯邦快遞也經歷過這三個階段。創業階段成本高昂，每個人都拚命工作，好讓公司上軌道。在創建最初幾年，聯邦快遞燒掉了投資人的大筆資金，局面看起來並不樂觀。

憑著毅力，他們堅持了下來，並且讓公司變得穩定。一旦每個人都知道這家企業會長期運作，而且品牌已經建立，這家公司就進入了維護階段。大量客戶持續跟他們往來。

最終，他們累積了足夠的力量，專注於擴張。有趣的是，法蘭克告訴我，他在擴張階段也開始擁有更多時間，得到更多幫助和預算，而且「自由」開始出現。

你也會有同樣的經歷。

對擴張階段的期待

- 這個階段大概每天需要工作幾分鐘到一小時。
- 平均而言，只要你顧好擴張階段，就能一直持續下去。
- 一般而言，從這個階段開始，利潤會成倍增長。既然你知道自己在做什麼，並正確監控公司，就不會遇到限制。你很可能在此時成爲千萬富翁，公司幾乎天天都在獲利，很少遇到意外。

（希望不會發生的）第四階段：修補

我必須指出，在修補階段，我其實並沒有完全放下公司。我遇過很多創業者，以爲經歷了創業和維護階段，就可以去度假了。有時，假期持續數月，甚至數年。如果他們如此忽視自己的公司，從假期回來後就會遇到我認爲能避免的第四階段：修補。

我怎麼知道有第四階段？因爲我親身經歷過。我所在的城市，每年七月會舉辦大型牛仔競技表演，叫作「卡加利牛仔節」，大家約有一週不工作。人們要麼在遊樂場，要麼忙著舉行辦公室派對，算是夏天的序幕。幾年前，我覺得公司沒有我監控也運作得很好，所以我在六月初就開始慶祝。雖然大多數人七月中旬就回去工作，我卻一直玩到十月。（很扯！）

我在那段期間顯然沒有監控公司與員工表現，只要錢定期進入銀行帳戶，我就不太擔心。當然，我偶爾會看一下狀況，透過電子郵件或電話答覆問題，但多半只是讓一切順其自然。

那年十月，我回到公司時，驚訝地發現很多員工已經離職（有些還帶走公司的錢），其中一人甚至私下跟我的客戶做生意；我的其中一個系統完全無法運作，但我仍須付費——總之，這是場可怕的災難。

對修補階段的期待

- 如果你碰上了，修補階段通常就是最艱難的階段。
- 有時，你已經無法修補公司或收入流。有時，它造成的傷害也可能非常昂貴——甚至毀了你的生活。在這段期間，你的公司幾乎天天都不順，因爲你試著解決所有問題，盡可能挽救。你將必須對客戶做出解釋，而且努力保住良好的系統和職員。這時你一定會打很多電話，寄送許多電子郵件——就算它不受歡迎。

當時我別無選擇，只能乖乖進行第四階段的修補工作。**修補遠比創業痛苦**。有時候，要修補的不僅僅是損壞的系統，而是要挽救人際關係和名聲。我經歷過，所以不建議你也走一趟。當時我如果每天花6分鐘工作、確保公司走在正路上，就會輕鬆許多。希望你從我的經歷中學到教訓。

醫生不斷檢查病人的生命體徵是有原因的，因為這樣能確保患者活下去。如果你仔細觀察，會發現監測生命體徵的儀器總是在運作，就算醫療人員認為患者狀況穩定。之後將詳細討論該如何監控公司的生命體徵。

如果你在途中犯了錯誤，別擔心。就算失足，必須做點修補，也沒關係。沒人能以完美又優雅的方式登上頂峰。我採訪過的成功企業家，以及我共事過的每一位偉大企業家，都經歷過必須介入並做點修補的時刻。你也會遇到。

我在這方面獲得的最佳建議是，當你看到問題或即將出現的問題時，盡快予以解決。別忘了：把事情怪在別人頭上，並不能解決任何問題。之後將再次討論你對公司的所有權和控制權，但請記住，你能擁有的最重要東西，不是勝利，而是失敗。

問題：想實現一天工作6分鐘，有哪三大階段？

- 被動收入在哪些方面是歷史悠久的原則？
- 什麼是槓桿？
- 為什麼槓桿很重要？
- 系統是什麼？為什麼它能在槓桿原則上幫到你？
- 如何檢查公司的生命體徵？一天工作6分鐘的三階段是什麼？你現在在哪個階段？
- 為什麼這麼多企業家難以在不同階段之間轉換？
- 「失敗」如何幫助你獲得更高的利潤？

行動步驟

1 找個導師來協助你正確地為「第一階段：創業」鋪路。在這個階段，不要吝於建立合法的所有權和保護。在讓其他人參與你的冒險之前，你需要先確保在創業階段已經做好一切措施。

2 開始記錄系統如何在你周圍運作——把技術、自動化、科技及其他人的系統委託給你的職員。如果你觀察的系統跟市場或你選擇的財富支柱無關，也不需要擔心。系統通常可以從其他支柱那裡修改、運用，以套用於其他領域。

3 花點時間挑選一些你欣賞的大公司，看看它從一個概念發展到今日樣貌的全程歷史，找出故事中的創業、維護和擴張階段。這些公司經歷過什麼樣的掙扎？是什麼幫助它更快、更長久地成功？它如何在事業上更穩定？而你又能怎麼做到？

本章重點

- 槓桿收入是讓你獲得自由的方式。
- 妥善管理期望，投入努力。
- 想實現一天工作6分鐘，得經歷三個事業成長階段，一步一步來。
- 你未來最好的故事將來自創業階段。

- 每個公司都經歷過這三階段。
- 持續監控公司狀態，並維持公司表現，就能避免經歷「修補階段」。
- 每個企業都會遇到挑戰，請盡快解決。

第六章

第一階段——創業：積極的開始

當農夫種下一粒種籽，這其實是一種信仰。他並不知道這顆小種籽未來會變成怎樣，但希望會長成他想要的作物，提供預期的回報。

公司的創始亦然。在創業階段投入的活動和努力，代表我們希望會產出想要的結果。

我與世界各地無數企業家共事過，當中有人奮鬥、成功過，也有失敗的。最常見的是，失敗的原因其實早已隱藏於這個過程的起點。

既然創業階段是一天工作6分鐘的基礎，你就必須花時間把這個階段處理好。聽我分享這點的企業家大多同意，但這對他們來說通常非常困難，因爲創業階段往往需要放慢速度，打好穩固的基礎。

但我很高興打基礎的階段有點複雜且耗時。我注意到企業家的另一項特點——包括我自己——我們大多是很有想法的人，我們是創造者。我看過一個統計數據：每個人平均每年有六個想法能變成數百萬美元的生意。而我認識的企業家大多一個早上就能想出六個這類想法。

這種「企業家過動症」常常害他們無法成功，因爲天天在腦海中出現的新火花，讓許多企業家很難專心。你可能也有這種經歷——我知道我有。

有時我會對既有的構想感到厭倦；有時當我意識到某個想法多麼複雜，就會失去興趣；還有些時候，我面對挑戰時會感到灰心。不管是什麼原因，大多數企業家都有過同樣的感受。

想要成功，必須保持專注，了解所謂的「孕育法則」，基本上就是「事情需要時間」。就算提前準備嬰兒床，也沒辦法讓嬰兒提早出生；你不能指望開學第一天就畢業。這些事都需要花時間。

我的一位導師如此解釋：想像你餓了，走進餐館，坐下來點了牛排。服務生離去後，你看著手錶，一分鐘過去了，還是沒有牛排。所以，你起身去另一家餐廳，重複同樣的點菜過程。一分鐘過去了，你去另一家餐廳重複同樣的過程。一分鐘後，你離開這家餐廳，去別的地方重複相同的過程。你在幾百家餐廳重複這個過程，最終餓死了，一口牛排都沒吃到。

說完這個比喻後，他警告我大多數企業家都是這樣，我在某種程度上也是如此。對我來說有用的補救措施是，隨身攜帶黑色筆記本，把生意想法寫在裡頭。到了週末，我會回顧內容，確認最好的想法及最感興趣的是什麼。我把關於這個想法的「興奮和熱忱」和想法本身分開，等幾天再仔細思考，這麼做能幫助我找到眞正想做的事。

我知道有些企業家一有想法就興奮得買下網域名稱，有些買下了數百、甚至數千個。創業前，請花點時間想想，且永遠記住：不管你選擇什麼事業，它都會在你的人生存在很長一段時間，不要因爲那很「夯」，或以爲能藉此迅速致富而瘋狂追逐。

創業前，需要回答的基本問題包括：

- 這個生意的交易是什麼？（如果不太懂所謂的「交易」是指什麼，請回顧第四章。）
- 相關交易是不是超過一個？（我建議最好超過一個！）
- 你要服務的對象是誰？要怎樣找到他們？
- 開創這個事業需要什麼？
- 需要多少資金？

- 誰會幫助你開創這個事業？
- 這家公司六個月後會是什麼樣子？一年後、五年後呢？

選擇正確的生意

在選擇要參與何種事業時，我會審視的項目包括：

我要解決的問題的本質：我的生意究竟要解決什麼問題？這並不是指非得找出重大的問題，有時我只是在尋找一個覺得很有意思、想解決的問題，而這也意味著確認是否有人也同意這個問題需要解決。人們用錢包來投票，選出認爲有價値的東西，如果某個問題只在你眼裡顯得重要，就很難盈利。

我的技能：雖然我知道最終會引入他人的專業知識來支持這門生意，但總覺得要對市場、產品或即將服務的顧客有基本的了解。

我擁有的資產：在考慮一門潛在生意時，我喜歡仔細檢視自己已經擁有的資產。我認識的哪些人能幫我？

有時，打基礎需要時間和耐心。以下是你需要的東西，以及你爲什麼可能需要投入更多時間的原因。

定位

創辦一家公司，你不僅必須知道要做什麼、將爲誰服務，也必須決定使用服務或產品的人如何看待你的公司。這部分是關於品牌，但也關於文化。你將爲誰服務，如何與他們互動？很多創業者從沒想過，以爲這不重要。隨著時間推移，他們遲早會知道答案，或是公司的定位會自動發展。我建議你花點時間提前決定公司的定位。做好決定，然後積極地創造，你得到的定位就是你要的，而不是市場爲你決定的。

合法性

我遇到的許多企業家遲遲未打點好公司的法律要素，認爲這太花錢。在大多數情況下，除非你已經建立好法律架構，否則你的生意根本不存在。合法設立公司，是成爲眞正企業的重要步驟。我不想把本書變成討論公司法律結構、每種形式的好處和潛在責任，但我建議你找個律師，找出最佳選擇。大多數律師會允許你在僱用他們之前，先提供一場免費諮詢。在這個階段，一旦找出想要的公司結構，我也建議你做好一些協議，而你的協議取決於你的需求。你甚至可能會想籌措資金（記住我先前說過的，盡可能保持對公司的所有權。如果你需要籌措資金，請在跟律師交談時記住這一點）。如果需要其他人以員工、承包商、顧問、虛擬助理之類的身分協助你，就一定得擬好協議。我建議從標準的僱傭合約開始，你的律師能幫助你理解這份文件。

最重要的是確認你將「擁有」爲你創建的任何東西。請擬定明確的「終止條款」以保護自己，並規定員工會及時交出材料、協助人員交接的過程。我也喜歡在可能的情況下擬定「競業禁止條款」。你的律師可能會有其他想法。

簿記和會計

你大概會好奇，公司在創業階段還沒賺到錢，爲什麼我這麼早就把這部分包括在內。事實是，好的會計師也能在公司結構方面提供協助，爲你省下大量金錢和日後的頭痛。大多數新創業者不知道的是，僱用好的會計師並不是昂貴的花費，而是明智的投資。我的經驗是，不要隨便僱一個。你該找的會計師應該了解你的生意，並具備協助你的技能。會計師能成就或毀掉你的公司。

你可以在創業階段自己處理簿記工作，市面上有很多易於使用的優秀軟體。不過，我還是建議盡早委外，因爲自己處理非常耗時，且長期來看並不划算。記住，你的目標就寫在本書封面上：一天工作6分鐘。

你的安排可能需要額外時間，因爲上述專業人員有時可能工作得慢一些。請務必及早明白這一點，你才能做出決定，並爲延遲做好準備。若匆忙處理這部分的業務，會造成錯誤或不必要的開支。

創業階段的重要活動

針對創業階段，我發現有些活動非常有用。

我喜歡在創業時盡快建立人脈，有助於找到在創業相關任務方面能提供協助的人才。我也透過建立人脈的活動聘請優秀人才，幫助我的公司快速盈利。

現在，我想澄清一下：建立人脈的活動當然有不同類型。

我通常不會花很多時間在級別較低的活動上建立人脈。一般來說，這些活動只是一大堆新手企業主聚在一起吃午餐或早餐，這些人只想爲自己的公司尋找客戶。這無法眞正幫助我實現一天工作6分鐘。我建議你參加更高級別的活動，這些活動不是讓你去推銷商品，而是爲了建立人脈或合作。在人脈的層次上，我的一位導師說過：**「在十美元的早餐會上永遠做不成百萬美元的生意。」**

晉升到更高級別的人脈活動時，就會發現更高級別的合作。在這種級別的人脈活動上，你的目標不是推銷商品，而是建立人際關係，找到高階人才。其中一些人會加入你的團隊，而其他人會爲你帶來機會或介紹更多人給你認識。

別誤會，我並不是看輕小型企業之間的人脈活動，這些活動有其必要，只是不適合一天工作6分鐘的目標。

沒有一套系統是永久的

創建一天工作6分鐘的基礎工作，是調查你能引進公司的各種系統。請記住，系統是槓桿的基礎，而槓桿能幫助你獲得時間、金錢和地點自由。你應該還記得，系統是指使用委託、自動化或一套現有的系統。

實施一套系統或在團隊中使用某個人才之前，請務必先了解你需要該系統做些什麼，然後驗證它能否做到。很多時候，人們非常擅長把自己當成解決方案推銷出去。請確保先測試、試用系統；請確保擬定了能保護自己的合約；請確保準備好安全網，以防日後想引進更好的系統。我發現一個很好的人生原則是：「沒有一套系統是永久的（人才也是）。」若某個系統或人才並不適合你的公司，就得找到替代品或更好的辦法。以人才來說，可能意味著提供更多培訓或安排其他職位，但有時你也可能需要解僱他們。

我從友人霍華德．普特南那裡學到招聘的一個重要教訓。他曾是美國聯合航空公司的客服副總，也是西南航空公司執行長。他建議我，僱用職員時先看重態度，其次才是能力。這項建議令我受益匪淺。如果你僱用態度良好的人，他們爲公司帶來的貢獻會高過態度差但技術熟練的人。

在引進新人或新系統時，也必須考慮到「培訓」這個環節。你需要時間來學習一套系統，並把它傳授給其他人。這就是一天工作6分鐘創始階段可能最花時間的原因之一。

你爲公司的各種任務選擇人員並培訓他們時，請務必尋找領袖特質。當我們進入維護、擴張與延續的下一階段時，你會明白必須尋找領導者。這些人將取代你，擔任團隊成員的培訓師和激勵者。我得提醒你：不要急著說自己想找領導者，而是先觀察一段時間。一旦看到正面的跡象，請讓他們知道你的生意有潛在的未來。你應該不斷尋找領導者。

確保事業運作的一致性和連結性

在創業階段，你需要積極地檢查、審視任務和人員的狀態。請記住，你正在訓練他們如何對待你，也在建立自己對他們的期望。

我在自己的事業上，經常在這個層面創造期望。在創業階段，我每天可能多次與負責監督公司系統的人員聯繫，以確保他們知道我在密切觀察公司並知悉一切。我最近大部分的工作都不是在實體辦公室進行，不在同一個房間就很難直接監督某人，但我還是喜歡保持聯繫。這麼做有兩個理由：

支持：如果員工知道隨時能聯繫到你，就能立即提出任何問題。如果你讓某人感到不確定，對方就可能什麼也不做。如果員工感到被支持，就會在工作上盡心盡力。在早期階段，請確保員工了解你的工作風格、奉獻精神、期望，以及你隨時都對正在創造的結果感興趣。爲了最近發布的關於「個人發展」影片，我們跟一個在行銷和銷售方面有點鬆散的團隊合作。但意識到我時刻都在查看數字、會因爲沒達到每小時目標而關切時，該團隊立刻拴緊了螺絲。因爲我一天中多次聯繫，他們看得出來我非常了解最新狀況，而付出更多努力，甚至會在我開口詢問前先給出答案。

培訓：我們常以爲自己知道別人需要具備什麼知識才能成功，有時卻忘了其他人對某事的了解其實跟我們一樣多。即使員工接受了第一輪培訓，我還是大力提倡在之後持續培訓。想確保員工了解如何做事，並確保他們有動力，能長時間拿出一定水準的成果，培訓就是方法之一。定期培訓也表示你在乎員工，致力於幫助支持你的人取得成功。

我發現每週培訓一次，對團隊很有用。有時我會進行專門的培訓，對象包括負責把公司的服務銷售出去的員工。我們也經常進行團隊培訓，讓每個人都參與。

培訓的目標之一，是盡快讓團隊成員參與培訓計畫的創建和執行，尤其是在開始尋找領導者時。如果你一整天都在準備和進行培訓，就不可能一天工作6分鐘。在創業階段，你在教導那些最終將執行這些培訓的人，教他們如何進行培訓、該拿出什麼成果。

培訓對我的業務發展最有利的部分，就是把一部分時間用於分享和報告目標。報告不僅是分享「數字」，也是分享一套實現這些數字的行動計畫，並詢問所有團隊成員的建議。對我的企業來說，這是非常有價值的方法，能讓整個團隊認同我們的目標，並在努力實現的過程中互相幫助。

培訓能帶來強大的凝聚力，增強團隊力量，是實現一天工作6分鐘的最佳方法之一。

另外，若想顯著提升員工的工作效率，並改善團隊的積極性和凝聚力，請定期進行競賽。我旗下許多公司每週都會舉行比賽，通常是爲了促進合作而不是競爭。這些競賽被設計成幾乎每個人都能獲勝。我喜歡的比賽，不是讓某人被選爲獲勝者，而是讓每個人的最大努力都能被看見。獎品不用很貴，不過想準備貴的也行——我的朋友比爾．

巴特曼常帶著一大群員工及家眷去迪士尼樂園。最重要的是，讓優秀的人感到被認可和欣賞。許多有創意的方法能讓你達成這一點。

接下來是創業階段的最後一項說明，而且這個概念可能適用於每個階段。

你可能聽過很多商業大師和個人發展專家鼓勵你採取「大規模行動」，這似乎是他們最常重複的詞彙。我很遺憾告訴你：他們錯了。

我從世界上最優秀的商人那裡學到的是，他們並不專注於大規模行動。他們不希望你爲了忙碌而採取行動，而是要你採取**「深思熟慮的行動」**，這是專注、有意義的行動，好過大規模行動。

請確保你做的一切有意義，且能讓你更接近目標。

問題：創業——積極的開始

- 你要如何建立好的開始？
- 開始創業時，你要如何保持專注？
- 你要解決的問題是什麼？其他人是否同意這是個值得解決的問題？
- 你的技能是什麼？
- 你擁有哪些能幫助你的資產？
- 你公司的定位是什麼？
- 你的法律結構是什麼？
- 你要找誰當會計師？
- 你要去哪建立人脈？在這些場合想見到誰？
- 你如何培訓員工？多常培訓？
- 如何在培訓時使用「設定目標」來支持並激勵員工？

行動步驟

1 花點時間區分「好想法」和「最好的想法」。請記住，你將長期為這個想法付出努力，它在你的人生、甚至定位中將成為非常重要的一部分。請確保你選擇的東西會讓你感到滿意又充實，不要只因獲利潛力而追逐某個生意。

2 我剛開始做生意時，有個導師對我說了個比喻：集結軍隊進攻。他建議清點所有能幫助我的士兵。他所謂的士兵是指，我能獲得的所有人才、工具、資產、人脈、資源和要素，能幫助我創建成功的企業。有了這份「士兵」名單，我很快意識到自己擁有什麼支持，信心也大大提升。擁有這份名單，也讓我更了解如何以最具戰略意義的方式使用這些士兵。如果你現在要組建軍隊，名單上會列出什麼？

3 在定位方面，我建議你看看現在的市場，觀察哪些定位已經存在。我從不覺得企業家在創業時複製一家已經存在的公司、試著服務一家現有公司正在服務的客群，能有什麼好處。請在你的市場中尋找不同的、更好或獨特的東西。顧客如果能選擇自己屬於哪個部族，就會感到興奮。請現在就決定，你公司定位的哪些部分能讓你在市場上脫穎而出。

4 畫出組織結構圖，包括你需要填補的公司職位。這些職位主要反映第四章談到的「告知」「銷售」和「服務」。一旦你能看到需要填補的職位，就可以去尋找這些人才。

5 鼓勵團隊為自己的表現設定目標。人如果被分配目標，就常常不覺得自己有目標；有時甚至會懷疑，覺得目標比較像是業績壓力。團隊成員在參與設定目標時，會產生責任感和連結，而這會讓他們更加投入。

本章重點

- 如何起頭，在很大程度上會決定如何繼續。
- 在事業理念上，你該尋找的不僅僅是利潤。
- 人們用錢包投票，選出認為有價值的東西。
- 請從一開始就在法律層面上保護好自己。
- 你應該不斷尋找領導者。
- 請確保你做的一切有意義，且能讓你更接近目標。

第七章

第二階段——維護：保持公司狀態的關鍵

我對「維護」的定義，跟字典可能不一樣。字典對這個詞彙的定義，通常是指變得滿足、保持滿足，或維持一致的成果。這個定義在其他場合可能是有用的描述，但從長遠來看並不適用於商業。商業上的「維護」，不僅僅是維持現狀或把成果保持得跟之前一樣。

在商業上，維護也意味著「需要保持**重要性**」。我們必須覺察並接受市場上的創新，且願意為此做出改變。我們在新冠肺炎疫情期間清楚看到這種必要性的案例，但實際上，你必須時時刻刻都在創新，而不是等到某個緊急情況才迫使自己創新。

創新不僅意味著改進正在使用的產品和系統。想要創新，就需要審視公司的每個層面，努力對各種方法和領域進行改善。

有人問過我，對大多數企業家來說，在商業上談到創新和維護時最困難的是什麼？根據我看到的，**最大的挑戰是讓事情繼續簡單地維持下去，或變得比以前更簡單**。

「第二階段：維護」的終極目標就是**「簡化」**。

達文西說過：「簡單就是複雜的極致表現。」這對大多數企業家來說是事實，他們多半都很忙碌，而且常覺得如果自己不忙著處理公事就顯得有點沒用。然而，他們做出的行動，往往讓事情變得更混亂或複雜。一天工作6分鐘的核心思想就是「簡單」。

你的目標是簡化公司的所有層面。當你這麼做，就會體驗到更大的成功和輕鬆。你的顧客將看得更清楚，你的團隊將明確知道該做什麼，且能更輕鬆地相互培訓，一切都會變順暢。

在這個階段，你需要學習衡量和測試。任何能改進的東西都得經過測試。你也必須辨識出任何複雜但能被簡化的事物。

如何簡化？

對很多以「創造」爲主的創業者來說，簡化是艱鉅的責任。衡量、測試和調整，對大多數人來說並不是天生的技能，但出於很多原因值得學習——增加利潤、了解顧客行為、預測趨勢，都是顯而易見的原因。除了這些原因，我們也需要學習如何更有效地節省成本、簡化及加速系統，以及在問題出現前預測和解決。

為了確保公司的成長和生存，有許多事是你該衡量的。若想一天工作6分鐘，就有更多東西得衡量，也必須教導團隊如何衡量和報告這些事。我把它分成兩類「關鍵項目」：

- 關鍵數字
- 關鍵活動

關鍵數字

「現代管理學之父」彼得．杜拉克說過：**「一件事物如果無法被衡量，就無法被改善。」如果你想維護並發展你的事業，就必須關注關鍵數字。**關鍵數字是你希望員工定期報告的目標特定數字，包括銷售數據（我喜歡每天至少蒐集一次）、產生的潛在客戶、花費在廣告上的金額、轉換數據（如果有的話）、費用和成本、每位顧客的平均花費、獲得客戶的所需成本等。

查看關鍵數字，就像觀看樹上的果實。果實已經到來，有時可能晚一點，或比預期的少。然而，有這些數字才能看出趨勢和即將面臨的挑戰。另一方面，事情進展順利時，這些數字也能指出什麼趨勢即將到來。

我的公司有個介面會即時提供一些數字，我二十四小時隨時都能查看，且每分鐘更新，能有效協助即時追蹤公司狀況。例如，我能調閱報告，得知最近發行影片的銷售頻率。我有幾次看到銷售間的停頓時間變得格外漫長，因此聯繫團隊成員，查明爲什麼會遇到這個狀況。我們好幾次發現了技術問題，而要不是因爲我能監控這些關鍵數字，可能好幾天都沒人知道發生問題。

雖然現在我每天只工作6分鐘，還是喜歡每天檢查幾次，每次只花幾秒鐘。但如果我知道事情進展順利，心裡就會非常平靜。

我喜歡分享的比喻是，「衡量」有點像在國際航班上駕駛飛機，只要知道自己朝正確方向前進，就會非常安心。正如飛機這個比喻，若事情不太對勁，你也能立刻微調來修正方向。我非常慶幸科技能讓我隨時觀察狀況，在必要時立即修正。

關鍵活動

觀看關鍵數字就像看著樹上的果實，而觀看關鍵活動則比較像看著樹根。這些活動通常表明，數字在近期或遙遠的將來會反映出什麼。

我喜歡查看的關鍵活動，包括員工聯繫了多少客戶、一天在某個活動上花了多少時間，以及透過活動描述和進度報告得知我的關鍵人員把時間花在哪些事上。這些報告大部分是每天交，但我不會詳細審查，因爲這麼做通常會花不少時間，而且我相信我的主管人員會妥善處理這些報告。處於維護和改善階段時，我建議開始讓你最信任的人擔任領導和管理的角色。

授予領導力

先談談領導者和人員。科技和自動化系統的美妙之處在於，完全按照程式運作，你能指望它履行職責。相較之下，人員的運作方式截然不同，有時一開始做得很好，然後偏離方向；有時一開始做得很慢，但後來越做越好。人就是有一定程度的不可預測性。

調節人們的生產力和可預測性的最佳方法之一，是訓練他們學會正確的委託原則。「委託」基本上就是授予某人權力，代替你進行某個工作或任務。

市面上有很多非常棒的工具能教你「有效委託」的技巧。我想在這裡分享一些相關的基本知識，如此一來，如果你不熟悉其中的一些技術，就能透過本書學習並開始使用，而無需另外再購書。

清晰

委託的第一步是清楚列出想看到什麼事被完成，並說明期望它按照什麼方式完成。**說清楚你想看到什麼工作成果**，就是「委託」最重要的部分。一般來說，我發現人們若無法完成委託的任務，很少是因爲缺乏成功的欲望或嘗試，通常是因爲沒被清楚告知該採取什麼方式、拿出什麼成果。他們不知道該怎麼做，也害怕犯錯，因此什麼也不做。你需要百分之百確保他們理解任務內容、該任務將如何促進最終結果。

除了分享對成果的期望，你也需要說清楚希望工作何時完成，以及任何與任務相關的其他具體細節。例如，我最近委託了一項任務，需要指定誰能幫助某人完成它，這樣就不會妨礙其他團隊成員參加重要會議。

界線

我把一項任務委託給某個員工時，不喜歡設下太多規則、說明怎樣才能獲得預期成果，反而希望這個人能運用自己的才能、創造力和資源達到最終成果。我通常會設下簡單的規定和界線，以確保員工的做事方式不會損害公司聲譽，並維持誠信。除此之外，我不會設下太多規則。

向公司報告

商業界有所謂的「皮爾森法則」，源自統計學家卡爾．皮爾森。該法則是這麼說的：「如果一個人的表現受到評估，這個人的表現就會提高。如果一個人的表現受到評估且報告給上級，這個人進步的速度就會加速。」若想看到員工進步，就必須說清楚你要他在被委託的工作上必須向公司報告。我也會說清楚該如何報告，以及那份報告該與誰共享。員工如果知道得做報告，一定會拿出更好的表現；相反地，如果他們覺得你不會記得要交報告，就不會表現得那麼好。

給予失敗的機會

談到委託的藝術時，人們很少談論的是「失敗」這個觀念。說句老實話，我不會對委託的對象說：「你大概會失敗，那也沒關係。」反而會向他們保證，我完全相信他們有能力完成某項任務或解決挑戰，並進一步保證，若遇到挑戰或困難，我一定會支援。大多數情況下，當我以這種方式做好安排，人們會做得很好，而且不會再來找我，直到向我報告完成了工作。

在委託工作時，你必須相信對方一定會成功。經常令我感到驚訝的是，員工其實會發現比我原本想像的更好的做事方法。

我聽說有些企業家害怕把工作委託給別人，因爲覺得對方會犯大錯。除非學會有效委託，否則你永遠無法實現一天工作6分鐘。委託是必不可少的技能。

如果你擔心委託會導致重大錯誤，可以怎麼做？我學到的最佳建議，是先看看自己。我多常把事情做到「完美」？一次也沒有。但我多常把事情做到「還不錯」？大概

七、八成的機率。而實際上，你委託的對象大概就有同樣機率做到「還不錯」。只要你好好地教導、訓練，他們拿出良好成果的機率應該會跟你差不多。

我的一位導師指出，越是相信某人能解決問題，他就會表現得越好。不久，對方做事的效率很可能就會超過七、八成的成功率，但你必須先預留犯錯的空間。請將此視爲你事業旅程的必要部分。

若你依然緊抓著這種恐懼，我不得不承認，雖然我一路走來有看到員工犯小錯，但從未經歷過哪個人犯下嚴重錯誤、毀了我的公司。他們犯下的錯誤大多很容易解決，不會中斷業務，甚至不會影響獲利。如果你妥善聘僱，找到願意幫忙的員工，幾乎不會有什麼事出錯。

委託也不一定是單一事件或任務。事實上，若委託出去的是長期、持續的責任，效果往往最好，因爲承擔責任的人會做得更好，並發展出能夠更快、更有效完成任務的才能和技能。

在結束委託的討論前，我想指出，你在這個階段需要尋找更多的委託機會。越能把責任分攤出去，就能越快達到一天工作6分鐘的境界。話雖如此，你還是必須認眞對待每一次委託。這種決定不能匆忙，你也不該把這些時刻視爲理所當然。

我採訪過某位傑出人士，分享了關於委託的有趣見解。他在每個季度都會列出還在親自處理的所有事情，爲每件事指派價値或成本——用兩個數字來做衡量。第一個數字評估某項任務的重要性，第二個數字評估讓別人來做這件事要付出多少成本。這讓他把精力和時間集中在想享受的項目和自由上，把不想做的每個活動幾乎都委託了出去。

顯然，你的利潤、成長和你的委託能力大有關係。請在成長時將工作依序一一委外，而不是一口氣盡快把所有工作都丟給別人。你該做的，是在員工和公司發展到適合把任務交給某人時，再把這份差事委託出去。請記住，**沒有人會跟你一樣在乎你的公司**。

關於處理錯誤的警告

我原本有點猶豫要不要分享這項警告，但後來收到一封來自我的「一對一企業指導」學生的電子郵件，我認爲其他人也會覺得這項建議很有幫助。他在信上表示對員工造成的狀況極爲沮喪。他眞的很難過，並坦承自己可能眞的情緒失控。他在信上解釋情況時，我看得出他爲什麼沮喪，但也感受到他對自己失去冷靜而眞心感到難過。

我回想起和頂尖企業家的採訪時，記得當中一些人分享了最讓他們感到挑戰的時刻。很顯然，回首往事時比事情發生的當下更鎮定。但他們常提到的一件事是，出現問題時，你得避免在公開場合過於情緒化，提防某位導師說的「公開處決」。

雖然有時公開處決有其價值——例如員工做出竊盜、不誠實或極度不忠的行爲——但大多數情況下，等一段時間後跟員工私下談話會是最好的辦法。我爲自己設下的規則是，**在能清楚解釋發生的某件事前，絕對不要立刻著手糾正一項錯誤**。

虛擬助理好用嗎？

近來，我看到許多人改用虛擬助理（一種能替個人執行任務或服務的軟體代理〔software agent〕）。我認爲這在某些任務上很有用，但在其他任務上很糟糕。虛擬助理在現代商業中當然有地位，但我想分享幾個想法。

我知道流行書籍和大師向人們展示，如何使用虛擬助理來創建「拎著筆電走天下」的生活方式。以最終結果來看，我同意這是很完美的資源。然而，「創造出幾十萬美元的生活方式」，跟「在峇里島或泰國過幾年國王般的生活」是有區別的。如果後者就是你的目標，將一部分工作交給虛擬助理當然不是問題。

但是，如果你的目標是建立規模更大、更持久的東西，就必須專注於**領導力**而不是生活方式。你要找的人，是能在團隊中擔任長期要職的人。

簡單來說，你必須找到**能成爲管理者的人**。這些人需要願意投入足夠的心力，會在你建立一天工作6分鐘及之後的所有階段追隨你。這些人需要具備忠誠管家的特質，你也必須相應地獎勵他們。

我的經驗是，雖然虛擬助理很認眞、也很努力，但通常很難只專心服務一個客戶。事實上，雖然我有很好的虛擬助理，但我發現隨著他們的客戶越來越多（他們總是在尋找更多客戶），使用該服務的每個人都會受到影響。如果你有能力根據「排他性合約」僱用某個虛擬助理，也可以這麼做。

當然，每次更換虛擬助理時，也得重新訓練一個新人。這就是爲什麼你永遠沒辦法用虛擬助理來建立價值數百萬或數千萬美元的企業，也更不可能達成一天工作6分鐘的原因之一。用虛擬助理填補主要職務，會導致公司必須經常招聘、更換和訓練人員。

給支援你的團隊好薪酬

薪酬是個不好啓齒的話題，因爲你最終必須透過「一個人能爲你的組織帶來什麼」來決定此人的價值。我向來提倡高薪，這能讓員工保持忠誠和熱忱，也會讓他們專注於幫助你成功，避免去其他地方尋找副業或機會。請記住，你在這方面必須當個聰明的企業家，有效安排預算，以免把所有利潤送出門外。

我提倡採用「分潤」或「績效獎金」，這通常會讓員工更願意盡最大的努力，也願意團隊合作。如果整個團隊都能享有分潤，你會發現成員會互相幫忙以達成目標。

若某個人員是臨時員工或雇工，請記住：一切都好商量。請注意，不要付出過多薪酬或獎勵，尤其若你從未與這個團隊或人員工作過。我制定的經驗法則是，在與新人合作時，永遠不要預先支付所有費用。

一般來說，我會把完整的薪酬分成三份：在聘僱之初支付三分之一，完成一半時再支付三分之一；整項工作徹底完成、獲得批准後支付最後的三分之一。

與第三方合作時，最好讓律師在工作開始前先起草或審查相關合約。

找到自己的節奏

隨著僱用更多員工，你會發現你的時間越來越自由，當然會感到興奮。在這個階段，我常看到的情況是：一些創業者見到「一天工作6分鐘」漸漸上軌道，所以太快試圖成長到下一個階段。

把這句話當成你的守則：**在成長前先找到自己的節奏**。

意思是：在維護階段花點時間確保公司運作順暢；確保每個人都了解自己的工作，且對此感到自信又自在；確保每個人都能在沒被監督的情況下輕鬆完成工作。在這個階段，你很快就會看到哪些員工自動自發，誰又是潛在的領導者。

問題：維護——保持公司狀態的關鍵

- 你對「維護」的定義是什麼？
- 你正在做什麼來不斷創新生意？
- 你在衡量、評估些什麼？
- 你如何收到關鍵數字的相關報告？
- 你多常收到報告？
- 你能委託什麼工作出去？
- 你的委託技巧如何？
- 你有沒有糾正錯誤、在某人犯錯後提供指導策略？
- 哪些職務可以使用虛擬助理，哪些需要永久職員？
- 你給團隊什麼樣的薪酬？

行動步驟

1 創建標準化的報告，讓團隊共享關鍵數字，就能迅速找到你要的資訊。有標準化的報告範本，就能統一每個人的報告方式並節省時間，你的團隊也會越來越了解什麼是重要的衡量標準，以及重點該放在哪。有時，你可能想添加或獲得常規以外的特定報告。

2 即使已經實現一天工作6分鐘，你也該定期檢查數字，請現在就養成習慣。只要建立標準化的報告，就能在任何地方查看，且不會花費很多時間。我曾在很奇怪的地點檢查數字，像是坐在上下顛倒的雲霄飛車、去水肺潛水的船上，還有學校的聖誕音樂會（只花了幾秒）。我和家人相處時通常不會檢查數字，但如果你懂得如何快速瀏覽數字，這麼做其實只要幾秒鐘。事實上，我在享受其他活動時，很喜歡看到我的生意持續交出亮眼成果。不但事業順利運作，你還能自由去別的地方，這是真正的成就感。

3 順道一提：快速和定期檢查數字，能讓你在發生問題時迅速回到正軌。記住，解決問題的人不是你——你有團隊負責處理。

4 花點時間想想，要給支持你的員工多少薪酬。永遠記住，千萬不要把公司的所有權或控制權分享出去。你在找的不是合作夥伴，而是能為公司生出交易的幫手。請給員工豐厚的薪酬，否則他們會另謀高就，最糟的是跑去投靠你的競爭對手。

本章重點

- 創新是商業中必不可少的活動。
- 試著簡化一切。
- 定期報告能幫助你確保一切都走在正軌上。
- 沒有人會跟你一樣在乎你的公司。
- 壯大團隊時，請尋找願意為你的使命付出心力的領導者和人員。
- 清楚地糾正錯誤。
- 給員工豐厚的薪酬，他們就會繼續效忠於你。
- 在成長前先找到自己的節奏。

第八章

第三階段——擴張與延續

與我交談過的每一位企業家，他們的目標都包括擴展自己的想法和概念，以服務和影響更多人。我從沒見過哪個企業家滿足於創造小東西。

你大概也有同樣的感受。

一天工作6分鐘的第三階段是關於擴張，有幾件事是你在此時應該或繼續做的。

爲事業努力，而不是進公司工作

擴張一定是從內部開始。若想讓公司成長，首先必須讓你這個「人」成長。你必須成爲更好、更有能力的管理人。如果你還無法做到一天工作6分鐘、由強大的團隊承擔繁重的工作，那麼你需要先解決這個問題。

擴展事業有點像玩樂高積木。如果想建造高塔，就必須先打造穩固的根基，接著繼續盡可能了解你這一行的生意，以及如何支持幫助你營運公司的人員。

雖然我提出了一天工作6分鐘的想法，但並不表示你在其他時間不用想你的生意。我的意思是，你應該繼續爲你的**事業**努力，但不用**進公司**工作。你已經安排了員工代勞，不須事必躬親。

你會驚訝地發現，**在任何地點都能思考和計畫你的個人事業**。我坐在菲律賓馬尼拉的頂樓泳池邊時，想到了絕妙的商業點子；在加勒比海水肺潛水時，想到如何幫助員工表現得更好；我曾手拿筆記本坐在墨西哥的無邊際泳池邊；在迪士尼樂園排隊參觀鬼屋時，想到非常好的點子。再說一次，思考事業不會花我太多時間，但我任憑靈感隨意來襲（而且對我來說，放鬆、享受生活時更容易爲事業找到靈感）。

塔文以爲，只有長期努力和終日辛勞，生意才會蓬勃發展。他經歷了很多事後才相信，其他人可以在他的公司爲他處理繁重工作。他每天的工作時間不少於十六小時，更別提6分鐘。我們說服他加入我們的熱帶遊輪之旅，這意味著他必須信任他的團隊，徹底放下公事。在度假時，他意識到就算沒有他，公司也能賺到同樣多的錢；沒有他時時刻刻參與，公司還是運作得很好。

在海上的某一天，我來到船上的水療中心，發現他在桑拿房裡拚命做筆記。我進入桑拿房時，發現他難掩興奮，坦承自己終於明白「爲事業努力，而不是進公司工作」是什麼意思。他在放鬆時，清楚看到自己需要做什麼，才能讓員工爲公司開拓出新的市場。我好像從沒見過他這麼興奮。他把這一切歸功於「走出公司」，讓自己置身能夠獲得靈感的環境。

拓展人脈

部分的自我成長跟你「花時間和誰相處」有關。我鼓勵你加入高階的人脈協會和俱樂部。和其他領袖多相處，向他們學習、一起取樂，觀察他們如何解決問題，你的答案將隨之而來。你一定聽說過，你的人脈等於你的淨值——千眞萬確。但我的經驗是，**在**

人脈成為淨值之前，你的人脈必須先成為你的安全網。換言之，你的同儕會幫你解決一切問題，像是關於你的小問題和信念，以及幫你找到可能還沒找到的機會和人脈。

幾年前，來自溫哥華的喬希和商業夥伴丹恩來到我們的遊輪上。我們從休斯頓出發，造訪了貝里斯、科蘇梅爾島和羅阿坦島等港口。但在登船時，甚至離開港口前，雙方就做成了一筆交易，合作籌集了三百萬美元。這是我們遊輪之旅中最快做成的交易。

你花時間相處的人脈，暗藏著巨大的力量。

持續尋找優秀人才

我採訪過的一位頂尖企業家告訴我：「你永遠在做『人』的生意。每個生意都關於人，而且不只是顧客，也關乎你的支援團隊。」在擴張階段，你必須持續尋找優秀的人才，來支持現有或正在擴張的機會。

只要經營事業，就必須持續尋找最優秀的人才來協助自己。不管做了多久的生意，你隨時會發現有人離開原本的公司，或某個職位需要換人。

請持續尋找人才。

持續培訓

培訓是培養優秀人才、確保他們積極工作的關鍵。每個人都想感覺自己在進步。好消息是，你不必親自創建或提供培訓——這些工作大多可以交給你安排的主管人員。事實上，你讓他們負責培訓，他們大多會感到榮幸，因爲這表示你尊重他們，希望他們帶領其他人員的發展。

當你提供這些明日之星培訓和領導的機會時，請確保他們理解「始終如一」和

「提供支持」的重要，以及了解員工真正的需求。一般來說，領導新手剛開始會需要監督，以幫助他們了解這項任務的性質。

你最好找到有成功紀錄、樂於助人、願意爲他人服務的人，花點時間確認他們的忠誠度和能力。根據我的經驗，沒有人在擔任領導職後變成自負的權力怪物。

此外，職員接任領導職時，一定要考慮給對方加薪。

換掉自己

在維護和擴張階段的主要目標，其實就是換掉自己。請記住，你不是在找完美的替代人選，而是有能力的人，你相信他會把工作做好、保持企業盈利。爲此，你要做的是找到優秀人才，持續培訓，並協助他們與組織保持緊密和忠誠。人在獨攬大權時，經常會隨心所欲地亂來。

所以，你在找人換掉自己時，需要找到好的管理者和領導者。他們要了解讓成員緊密連結、合力拿出成果的重要性。之後，你要定期索取報告，並與指派的領導者保持密切聯繫，才能確保事情有條不紊地進行。

建立定期報告

在擴張階段，你仍然需要定期報告。事實上，這三百六十秒（6分鐘）我大多用來查看每天收到的簡報。這些報告的結構，能讓我在理解後的十五秒內對撰寫報告的領導者做出答覆。

我建議你三不五時跟他們開較長的會議，為你的大型目標做審查和計畫。視情況需要，我每個月會跟每一位核心領導者進行約十五分鐘的計畫會議。若有新項目或大客戶參與，就可能需要額外的時間。

我也有個相對開放的政策：我會邀請領導者以外的員工來找我，讓他們提出疑慮或問題。我很少收到這種請求，因為大多數時候，我選擇的領導者跟他們處得非常好，但偶爾會收到能迅速處理或委託給領導者的疑問。（請記住，就連你回應的方式，對員工來說也是訓練。）

若想進行另一項創投？

你原本的創業已經上了軌道，打下強韌根基後，你可能會考慮再開創另一番事業。如果你這麼想，請記住，你將從創業階段重新開始，暫時還無法一天工作6分鐘。但在你趕著複習關於創業的章節前，請仔細想想「擴張」究竟是什麼模樣，也想想能用什麼方法來擴展目前的事業，或添加額外項目。你可能會發現，更好的決定是擴大目前的事業，而不是增加一個新事業。

投資

我並沒有開創全新的企業，而是把另一個財富支柱加入收入來源；我選了「投資」——**讓你的錢爲你工作**。我有個人投資，我的公司也有專屬的投資。當然，投資方式涉及稅務減免，但也有很多其他重要的好處。

例如，我的一家公司投資了「不動產投資信託」（REIT），每個月會支付現金流紅利。我曾用這筆錢擴展公司；若無此需要，我會拿去投資，以保持現金增長。

這麼做的好處之一，是幫公司建立了大量的儲備現金。在任何時候，市場的變化都可能爲企業帶來壓力；若有儲備現金，壓力就會比較小。請注意，這些現金儲備應該在你需要時容易取得，且必須非常安全。你不該爲了獲得巨額回報，進行有風險的無擔保投資，而應該選擇緩慢、穩定、在需要時能取得現金的投資。

你該追求的是會自動出現、無需操心的成果。我所做的，只是簡單地讓資金自動轉進我選擇的投資裡。這些轉帳的金額會根據需要而改變，以確保業務繼續順利運行。而且除非需要，我不會贖回儲備金。這方面的目標是建立儲備現金，而不是把錢從帳戶裡提領出來使用。

到目前爲止，你可能已經注意到生意中的一些規律。而我注意到的是：某些季節非常忙碌，而其他季節不忙，這些現金儲備有助於讓我們度過淡季。

來自愛達荷州的卡拉因爲生意不夠穩定而苦苦掙扎，在現金流和穩定獲利方面帶來了各種挑戰。她已經架設了滿不錯的工作系統，每天約能在一小時內完成工作，只要稍做調整，就會更接近一天工作6分鐘。可是現金流的問題確實讓她擔心。她的事業這麼不穩定，怎麼有辦法花大錢取得需要的支持？

她就是在這時開始看出規律。她的生意在聖誕節前後和夏季很不景氣。在一年當中的其他時候，她的公司蓬勃發展、生意興隆。她發現公司的高峰期是四月和五月，運用識別規律和現金儲備的原則，成功建立了更穩定、可預測的流量。她把錢投入能提供穩定現金流的投資，但做了一些安排，讓公司只在一年當中的淡季獲得現金流注入。如此一來，她縮短了每天的工作時間，而且即使在淡季也體驗到更大的事業成長。

問題：擴張與延續

- 你能找到誰來幫助你擴張？
- 你如何建立人脈？
- 你如何找到優秀人才加入你的團隊？
- 你如何持續訓練你的團隊？
- 你怎麼知道自己準備好進行第二次創業？
- 潛在挑戰出現時，你如何建立儲備現金以供使用？
- 你的事業有什麼樣的規律？什麼時候很賺錢，什麼時候成長緩慢？

行動步驟

1 尋找可以加入的協會、俱樂部和社群團體，擴展你的人脈。領導者會向其他領導者學習。如果你想成為領導者，就必須讓身邊有其他領導者。外頭有很多很棒的團體，能幫助你創造難以想像的成功。請大膽投資，成為這些群體的一部分。加入他們後，請扮演領導者的角色，讓自己真正參與其中。

2 隨著你持續換掉自己，你將獲得自動自發、有條不紊、善於與人互動、做出貢獻、能寫出良好報告的領導者。我建議你每天跟這些領導者保持聯繫，就算只是透過簡訊或其他簡短的交流方式。他們最需要知道的，是你致力於讓他們成功。他們對公司的願景必須跟你一致。

3 如果你考慮第二次創業，請花點時間仔細準備。在確信你拿得出成功需要的時間和資源之前，不要急於再次創業。太多創業家在同時處理兩個或多個企業時，喪失了注意力和金錢。確保最初的創業項目已經步上軌道，不需要你的關注。有時，你其實該做的是擴展正在做的事，而不是第二次創業。請決定怎麼做對你最好。

4 在為公司建立現金儲備時，我建議你跟幾位不同的財務規劃師會面，以了解有哪些選擇。每位規劃師都能提供你幾樣產品，有些可能特別適合你的需求。以我來說，我著眼於長期成長和穩定性。我讓我的公司支付我的生活費，所以我一般從不需要去碰這些持續累積的投資。然而，針對我的公司，我採取的策略則有點不同。我採取短期策略，並確保在需要時能取得現金。我每年都會重新審視自己生意的規律，以及現金流是否順暢。如果我公司的儲備現金有大量資金盈餘，我會把多餘的部分轉去長期投資。

再重複一次：隨著時間推移，你將必須做點功課和實驗，看看怎麼做對你和公司最有效。但就像一位導師跟我說的：「投資是明智之舉，但永遠不要自不量力。」換言之，不要為了建立儲備現金而讓公司做應付不來的舉動。投資更小、更安全的金額，而且持之以恆。

本章重點

- 想擴展你擁有的，就必須先擴展自己。
- 你的人脈就是你的安全網。
- 如果你的第二次創業跟目前的事業相似或有關聯，會提高成功率。
- 你的目標是換掉自己。
- 人在獨攬大權時，經常隨心所欲地亂來。

- 你如何回應員工的提問，其實就是一種培訓。
- 觀察公司在旺季和淡季的規律。
- 當你遠離日常活動，靈感就來了。

第九章

修補與救援

這是我希望你不必經常（甚至永遠不必）閱讀的章節。你的公司若能適當地創建和維護，應該就永遠不必擔心要補救。但如果你眞的遇到麻煩，請不要以爲自己已經失去了一切。

正如之前提到的，我曾在事業上犯過錯，需要大力補救、修復，而當時我其實不太清楚該怎麼做。値得慶幸的是，我一直跟採訪過的諸多千萬富翁導師保持密切聯繫。我做出決定：解決問題的最快方法是尋求協助。

沒錯，起初我不好意思尋求幫助，因爲知道遇到的問題出自我的個人疏失。但我當時走投無路，即將失去自己辛苦創造的一切。而且說眞的，我也拚命想保住原本讓我享有充分自由的收入來源。

修補與救援七大步驟

我聽過一句諺語：「年長者看得更清楚。」這是事實：經驗豐富的人，往往能看到缺乏經驗的年輕人看不到的東西。這也完全符合我的狀況。我向年紀比我大的百萬富翁朋友說明遇到的狀況，他問了幾個問題，然後說我需要採取七個步驟來解決問題。

步驟①：辨認究竟發生了什麼事

我的導師告訴我，他在農場長大，十幾歲時負責管理幾隻山羊。不知何故，其中一隻從圍欄跑了出來，被一團鐵絲網纏住了。

他找到那隻山羊時，牠被鐵絲網纏得很緊，而且被刮傷。他的本能反應，是想抓住山羊的後腿，直接把牠從糾結的鐵絲網裡拉出來。但仔細檢查後，他發現山羊已深陷網中；如果硬拉，反而會讓鐵絲越纏越緊。在查看鐵絲是如何纏繞在山羊身上時，他意識到當務之急是讓牠靜止不動，並開始剪斷纏繞於羊腹的鐵絲。他慢慢剪斷鐵絲，不久山羊終於能夠移動，便一把將牠抱起來，讓牠脫身。

雖然「把牠拉出來」的本能反應未必會要山羊的命，但也會嚴重傷害牠。行動前，最好先停下來看看到底發生了什麼事。

著手修補你的事業時，也需要仔細查看。這將讓你以最有效的方式開始工作，避免把問題弄得更糟。有時，**最好的解決辦法是少做事，甚至什麼也不做。**

步驟②：止血

一旦知道究竟發生了什麼狀況，就要以最好的方式止血。意思是，讓損失最多的區域不再造成損失。我修復公司時做的止血措施，就是聯繫現有的顧客，讓他們重新獲得服務。我不得不退費給一些顧客，而且跟我的一名團隊成員一起努力讓他們回來，以解決困難。一般來說，止血時應該先從顧客開始著手。在修補其他地方前，得先確保顧客的問題已經解決。

步驟③：回歸原始交易

止血後，需要回到原本的交易架構上——這就是你的業務的最簡單形式。回歸基本時，就會看到是什麼妨礙或阻止了原本的交易。你對原始的交易有了清晰的認識後，就能拆解並查看每個業務環節如何造成當前的處境。

在修補的七個步驟裡，尼爾森發現「回歸原始交易」最爲有用。他的公司在爆炸性成長後，他很快地增添了更多人手，想藉此搶占更大的市占率。但隨著新開支超越幾乎沒有增長的銷售額，他知道自己遇到了問題。他回歸原始交易及所有相關步驟時，注意到自己讓許多新的、不必要的複雜情況進入公司，這些不重要的步驟產生的費用帶來了巨大問題。他意識到自己把這些東西放進公司，只是爲了滿足自我，而不是在建立事業。他很快做了修補，調整了幾個關鍵員工的職務（也裁掉了幾個人），隨即看到獲利和市占率提升。

步驟④：確認帶來挑戰的原因

只停留在「辨別挑戰」的步驟上是不夠的，也許你要找出是什麼原因造成了挑戰。在我的案例中，我的疏忽就是根本的原因，但我因此有所進步。找出哪些事件導致這些挑戰，對修補過程其實很有幫助。我在開始修補後，恢復了我的業務，並使其比以往更爲強韌。

有趣的是，這也讓我成爲更好的「一天工作6分鐘」老師，因爲我現在更了解其他企業家走我的路可能會遇到什麼。我也在自己的公司中建立保障措施，以確保這種情況不再發生。

步驟⑤：判斷問題能否修復，還是該放下

有些問題需要花費太多精力、時間和金錢來解決。有時候根本不值得解決；有時候你的顧客根本不在乎；有時候放下比較簡單，把過去的死屍丟在路上。

如果你覺得只能放下某個問題，我得建議你：在放下時，務必讓顧客參與。給顧客某個東西之前，最好先問他們需要什麼。你如果希望他們買下它，請先問問他們的意見。務必聆聽顧客的想法，他們的想法最重要。

步驟⑥：判斷修復問題的最佳方法

談到「修復問題的最佳方法」時，並不是指「最便宜的方法」。有時，最好的方法可能非常昂貴。我談到「修復問題的最佳方法」時，指的是最有效、效果最長久的方法。

有時，最有效的解決方案需要更多錢、時間、僱用新人員，甚至放棄使用多年的系統。

有時，補救措施可能涉及新的系統和基礎設施，所以修補其實可以帶來市場優勢，並以你從未體驗過的方式改善業務。出於這些原因，也出於其他原因，請務必考慮**做出最好的修補，而不是最快的修補。**有時，最好的修補方式意味著打破舊模式，而且多花一點錢。話雖如此，我建議如果可以，**在修補期間盡量繼續做生意。**從零開始，永遠比在發生了小問題和修改後請求原諒更困難。你若能把「改變」說成「爲了更好地服務顧客而做的改善」，顧客通常會很興奮，而且願意在過程中支持你。

步驟⑦：現在就自問你能做什麼

修補原則最重要的事情之一，就是開始行動。我見過太多人在決定行動後並未立刻開始修補，而只是一直在研究問題。一般來說，這其實只是不行動的藉口，與研究無關。

如果你處於修補狀態，就很容易失去信心，並在重新開始工作時懷疑自己。如果你從馬背上掉下來，請再次爬回馬背上。你需要立刻重新開始做生意。等待是沒有好處的。如果你眞心想研究問題，那就開始邊修補邊研究。

別擔心修補能否做到完美。你該做的，是努力讓公司盡快恢復正常運作。看看你周圍，會發現每一家企業都處於不斷發展的狀態。以某種方式來說，你就是必須處於不斷發展的狀態；修補模式只是一種緊急的發展模式。

看看任何科技產品，你會發現總是有第一版、第二版、第三版……寫到這裡時，iPhone好像已經出到第十三代。請立刻開始行動，不要擔心能否把修補工作做到完美。

我和創建線上學習平臺Kajabi的合夥人聊過，他驗證了我說的「不要等待完美」的想法。我們得出的結論是，**最好發布完成七〇%而且能用的東西，而不是等東西完成到百分之百再拿出來。**

葛瑞格一直在打退堂鼓，想爲生意做出更好的安排——至少他是這麼認爲。現實是，他擔心如果太早上市，人們會認爲他不知道自己在做什麼或並不專業。每當人們問起他的公司，都會興奮地告訴葛瑞格，他們一定會使用他的服務。然後他會改變話題，說起正在安排何種新的改良。

跟他談話的人意識到現在還沒辦法跟葛瑞格做生意，聳肩說聲「再聯絡」。葛瑞格在失去希望也耗盡現金的情況下，參加了我的研討會。他意識到除非盡快讓產品上市，否則可能永遠都沒有機會，所以他讓產品上市了，就算東西還沒百分之百準備好。事實上，跟他預期的相比，產品大概只完成了六、七〇％。但他還是讓它上市了，結果獲得熱烈迴響。他立刻獲得了成功，而且他的顧客從沒說過產品缺少了什麼。

隔年，葛瑞格有足夠的資源投入自己的公司，進行了原本預想的改良。你一定猜不到接下來發生了什麼——早在一切完成前，他就發現更多需要做的改良。他這才意識到，他的公司將永遠處於研發狀態。

不要矯枉過正

進行修補時，很容易矯枉過正。我見過幾位企業家犯下這個錯誤，結果得回到一天工作好幾小時的日子。糾正需要糾正的部分，然後盡快讓團隊恢復正常運作——這才是你的目標。

問題：修補與救援

- 你找出來的問題是真正的問題嗎？
- 是什麼因素帶來這項挑戰？
- 這個問題需要的是修補，還是放下？
- 你有沒有讓顧客參與更大的改變？
- 你現在能做些什麼來開始進行修補？
- 你躲在哪些藉口後面，沒有重新做生意？

行動步驟

1 不要以為你需要修補每個問題。有時你該做的是放下某個錯誤，朝新的方向出發。

2 現在就開始修補，不要繼續等下去。有時候，公司遇到重大困難、需要修補時，會讓創業家失去信心。別讓挫折打倒你，重新站起來，採取行動。

3 不要覺得修補工作必須由你親自進行。有時，最好的解決方案來自你的團隊或顧客。你可以把你的事業想像成開進維修站的賽車，讓你的團隊著手進行修補工作，你會發現自己能更快重返賽道。

本章重點

- 先尋求第二個人的意見。
- 不要羞於尋求幫助。
- 確保正在處理的問題是真正的問題。
- 回歸原始交易，就能確認哪些東西最攸關你的事業。
- 不是所有東西都需要修理。
- 讓顧客參與最重要的改變。
- 完成七〇％的產品，好過完成百分之百的空談。
- 企業永遠處於發展狀態。
- 每一家企業都面臨挑戰。

第十章

你接下來打算怎麼做？

既然你已經對「一天工作6分鐘」的原則有了綜合的了解，接下來打算如何運用？我在世界各地傳授這些原則，看到顯著的成功案例，但也看到一些人的生活並沒有任何改善。也許你跟我一樣好奇，造成這種差異的原因是什麼。

說眞的，一般而言，成功的人和沒能成功的人之間其實有很多共同點：

- 這兩群人經常接受完全相同的訓練，其中有些人甚至曾共處一室。
- 當中許多人來自相似的背景，擁有完全相同的支援結構。
- 當中許多人擁有相似的財務資源。
- 當中許多人都有很好的商業點子。

我仔細研究其中可能有什麼不同後，發現答案其實很簡單，能以一套五步驟的公式來呈現。我鼓勵你現在就做出承諾：你將完全按照我介紹的方式來執行這些步驟。如果你這麼做，我相信你會離一天工作6分鐘越來越近。

步驟①：開始行動

阻礙大多數人成功的最大因素，是一直沒下定決心開始行動。請務必了解「願望」和「決定」之間的區別。願望是接收成果的抽象意圖，決定則是需要採取精確行動來創造成果。除非伴隨行動，否則眞正的決定並不存在。你現在將採取什麼行動來鞏固你的決定？

步驟②：每天做五件簡單的事

我必須爲這個概念感謝我的朋友傑克．坎菲爾。我請傑克加入我的第一部電影《The Opus》時，跟他討論了他和馬克．維克多．漢森製作《心靈雞湯》書籍系列的祕密——該系列被認爲是繼《聖經》之後銷量最高的書籍。

傑克告訴我，成功的關鍵是每天做五件有顯著效用的事，讓自己更接近目標。這五件事不一定要規模龐大或昂貴，但必須天天付諸行動。結果是，這些事相互疊加，最終產生了重大影響。

步驟③：盡快讓其他人參與

越快讓其他人參與、支持你且迫使你扛起責任，你就會越快成功。如果有其他人支持你，你就會發現事情變得遠比想像中容易。這項原則對我來說是如此強大，因爲我已經建立了第一個事業，現在是我所做的一切的基石。獨自踏上旅途，會有風險；若帶著朋友同行，就有了龐大的支持網。

步驟④：不要害怕學習更多

學習對成功來說至關重要。請記住，在擴展擁有的東西前，必須先擴展自己。

步驟⑤：沉浸在本書中

越深入地學習、生活、運用與一天工作6分鐘相關的原則，和其他正在實踐這些原則的人來往，就越容易在生活中掌握這些原則。如果一名職業運動員試圖在沒有隊友、教練和高水準比賽的情況下獨自精通一項運動，就無法充分發揮潛力。然而，如果把運動員和促使他們提高標準的隊友放在一起，讓教練和訓練師進行訓練，讓他們在既有能力之外學習新技能，就能徹底發揮潛力。

我鼓勵你現在就開始行動，並遵照以上五個步驟。我也邀請你定期重讀本書，讓書中的內容影響你對你的事業的看法、建立收入流的方式，以及如何珍惜時間。

更多成功案例

以下是我的幾個學生多年來實施一天工作6分鐘相關策略的眞實故事，你也已經在本書接觸過。我分享這些故事，是想讓你看到這些概念能夠如何應用。聽到這些成功故事，你在運用這些原則時也會信心大增。這不就是我們想要的嗎？你想要一天工作6分鐘，而以下案例指出這是可能的。既然其他人已經做到，而且現在還在做，那你爲什麼不能成爲其中一員？

基斯是位連續創業者，試過數個不同的創業項目，甚至有好幾位商業教練，身邊也有許多想幫助他的人，卻一直還沒嘗到成功的滋味。他組建了團隊，卻迷失於細節，無法建立需要的架構。他陷入日常的客户挑戰，看不見大局。他一直很納悶，爲什麼自己沒辦法讓好點子實現。然後他發現了一天工作6分鐘的原則，並接觸了許多以前從未聽過的事物：他之前的商業努力缺乏長期計畫，未能把事情簡化，讓自己擔任團隊的指揮。很快地，他獲得了正面的成果。

學會一天工作6分鐘的有效策略後，基斯開始成長茁壯。不久，他加入了我們在茂宜島舉辦的mastermind訓練活動，開始建立人脈，並向其他高層創業家學習如何當領導者和管理者。他的公司再次擴張，而且利潤上升。他有生以來第一次感到興奮，因為他的諸多想法現在開始扎根，收入大增。

他後來寫道：有時你只是需要清晰的眼光，就能懂得如何適應自己的公司。

基斯在現場訓練中學到的「原來如此」時刻是：「仔細研究『創業者』（entrepreneur）這個字，它是法文，所以很多人不知道『u』這個字母究竟要放在哪裡。很多人在做生意時就是這樣，不知道自己該站在哪個位置。然而，一旦看清楚自己該站在哪裡後，就會獲得不可思議的成果。」

⋯⋯◦⋯⋯◦⋯⋯◦⋯⋯

雷蒙不確定自己該從事什麼樣的生意。他確知自己是個企業家，只是不知道適合哪個位置；然後他發現了財富五大支柱。你可能會驚訝地得知，他並沒有選擇最喜歡的支柱來決定下一步。相反地，他查看自己對哪些支柱不感興趣，而且其中一個其實令他害怕。最終，他決定建立一個跟投資和資金流動有關的企業。他在這方面沒有任何經驗，但它引起了他的興趣，所以開始更深入地了解，而且跟其他熟悉該領域的人相處。

了解如何開創「以金錢爲中心的交易」的重要方法後，他制訂了一項策略，成爲運用他人資金的私人資金貸款（hard money lender）。在籌集和借出資金這兩方面，他透過其他專家完成相關的法律要求。在做生意的第一年，他借出超過兩千五百萬美元，結果獲得令人難以置信的利潤；隨著支持團隊、投資者和客户群持續增長，他實現了一天工作6分鐘的目標。

雷蒙在現場訓練中學到的「原來如此」時刻是：「『建立安全網來支持你』的這項原則，基本上建立了我的事業。我原本一直在擔心有哪些事我不知道，但後來意識到這個方法是錯的。不要擔心你不知道什麼，而是該擔心你**不認識誰**。外頭一定有個專家能幫助你回答某個問題，甚至爲你完成一些工作，以協助發展你的生意。」

⋯⋯◦⋯⋯

塔莉亞剛從社區大學畢業，卻比以往都還要迷惘。她的人生該何去何從？她在一些事情上有經驗，但完成這些事時，卻意識到自己學習的都不是此生眞正想做的事。她很喜歡學校裡的人文課程，能說一口流利的西班牙語、法語和英語。她想要旅行和探索的自由，也沒準備要找一份朝九晚五的工作。

她知道自己最大的挑戰是，找到能讓她感到滿足，還能賺取收入的方法。她參加了我們的「合作會議」現場週末活動（www.TheCollaborationConference.com），在一次mastermind訓練會上遇到幾個學生，鼓勵她以對旅行的興趣來建立事業。她拒絕當旅行社員工。對她來說，那跟一般文員工作沒兩樣。在團隊成員的集思廣益下，想出了聰明的辦法：她可以成立一個爲各種度假村或活動打分數的線上評論服務。但她不確定要如何透過這個服務獲利，正要放棄時，她的mastermind團隊成員想出了一些可能性。在很短的時間內，他們發現了一些很有創意的方法，不僅能讓這門生意獲得資金，而且能獲取高利潤。他們也研究如何組建一支出色的團隊，來支持整個項目。

塔莉亞現在大部分的時間都借助這種新的商業模式旅行，與她的團隊一起實現了一天工作6分鐘。

塔莉亞在mastermind訓練中學到的「原來如此」時刻是：「我原本一直覺得必

須靠自己解決問題，經常因爲覺得自己不夠聰明而放棄一些想法。我的合作團隊幫我找到了更好的方法，促使我不斷前進。他們激勵我，也促使我負起責任。就像本書作者說的：『你的人脈會成爲你的安全網。』」

⋯⋯ ◦ ⋯⋯

我遇到肯的時候，他對我說的第一個字是「唉」，然後告訴我正在進行大規模的公司修補，因爲他有點太放鬆了。他在差不多十年前建立了一家提供水管服務的實體公司。他有幾個員工、卡車，甚至一棟辦公大樓。但他把公司的運作視爲理所當然，越來越常休假，放任每個人做自己的事。有時他會這樣找藉口：「他們都是成年人，而且有拿薪水，我相信他們會做該做的事。」

起初沒有任何跡象表明他需要擔心，所以他和女友在墨西哥、多米尼加和古巴的海灘享受時，連續幾星期都沒跟員工聯繫。但一段時間後，裂縫變得明顯可見。

我們幫助他完成修補過程，很幸運地，他不僅保住了公司，也擴大了規模，獲利更高。他還是會花很多時間在海灘上，但現在有了一天工作6分鐘的策略，他的公司正在蓬勃發展。

肯對我說：「要不是因爲我在報告和培訓領導者這兩方面學到的架構，我應該會回到以前的日子，親自駕駛卡車，每天靠自己完成工作。」

⋯⋯。⋯⋯。⋯⋯。

賈羅姆原本要放棄了。他的第一次創業以戲劇性的方式失敗了，讓他背上巨額債務。爲了創業，他付出了一切，連同能借到的所有金錢，但他還是失敗了。找到全職的汽車銷售工作後，他陷入兩難，因爲他還是很想實現創業的夢想，但也必須想辦法還錢給債主。

與一天工作6分鐘原則邂逅後，他發現了自身商業問題的根源。他做的交易沒被正確構建，因此與客户的每一次接觸都不一樣，無法系統化。缺乏系統，就無法添加任何支援機制。他搞出來的情況是，每次遇到新的前景時，幾乎都必須重新改造原本的商業模式。

賈羅姆將賣車工作改成兼職後，回到自己創建的公司，重新設計了交易方式，好讓交易變得清晰、可預測。他開發了一種每次都能遵循的模式，而且讓它能跟諸多系統一起運作。

在原本那場創業災難發生後的八個月內，賈羅姆得以還清債務，也離開了汽車經銷商，追求一天工作6分鐘的境界。

賈羅姆在一封電子郵件中分享了他的想法，「我原本很氣餒，不敢相信自己竟然失敗了！我向爸媽、爺爺、奶奶、叔叔借了錢，也跟銀行借了錢。我失敗後，覺得自己徹底完蛋了，甚至不敢回家，不敢參加家族聚會。但是，當我發現我的公司缺少什麼時，感覺就像被雷打到。這其實是當頭棒喝。我知道我需要做什麼，而一旦開始去做，正確的行動就發揮了效果。」

・・・○・・・

珍娜參加了一天工作6分鐘的現場活動，也參加了我們舉辦的加勒比海企業家遊輪旅遊。她是個有趣的人，大家把她當成派對的活力來源，而且她總是精力充沛。每個人都喜歡她。她熱中 mastermind 活動，也總是提出實用的想法。但我注意到，她還在做全職工作。在一次輔導課上，我問她爲什麼繼續工作，也請她告訴我正在從事什麼樣的一天工作6分鐘創業項目。

她的笑容立刻消失了，說自己沒有這類項目，比較想站在旁邊幫助別人。我們討論這件事時，她說覺得自己還沒準備好成爲獨立企業家，覺得自己的人生使命就是幫助其他企業家實現夢想。

「何不把這當成妳的創業項目？爲企業家提供支援服務？」

她目瞪口呆。「對耶，我的天啊！我怎麼沒想到這個辦法？」在輔導課的剩餘時間裡，我們一直在研究這個創業項目，彷彿她在向第三方推薦該如何建立這個項目——畢竟支援他人就是她的天賦。

兩個月後，她成立並營運一家頂尖的諮詢公司，爲我們的許多學生和世界各地的人提供服務。而且她並不是親自做所有的工作，事實上，她組建了一支由十幾個人組成的團隊，負責指導人們學習我們的流程。你很可能會在我們的活動上見到她，因爲她現在是我們認證的一天工作6分鐘教練。

珍娜對我們的感受顯然非常正面，我甚至覺得似乎得淡化她的說詞，因爲那幾乎有點誇張了，她最近寫給我的一封信是這麼說的：「一天工作6分鐘救了我一命，給了我使命感和力量，它就是我的熱情所在。如果你是創業者，而你沒有使用這些策略，那麼你在經營方面完全沒有發揮潛力。請現在就幫自己一個大忙，加入這個社群，它將以難以想像的方式提升你的事業和生活品質。它無與倫比！」

萊恩正努力試著弄清楚自己的事業，還有很多問題是他不知道該如何解決的。他聘請顧問和商業教練、參加研討會、閱讀很多書籍，雖然都有幫助，但並沒有爲成功提供完整的答案。他承認，原本他難以實踐我們教導的一天工作6分鐘原則。但有件事確實有幫助——他得到最初幫助我的那批頂尖成就者和企業家的指導和支持。

在訓練課程中，我仍然邀請我最早採訪世界頂尖企業家時所學習的對象。他們親自指導、傳授、培訓我們的學生，場合包括現場活動、mastermind訓練、遊輪和度假靜修。

參加過我們的活動和訓練的人，包括銳跑、UGG靴、聯邦快遞、Ted Baker創辦人、鮮果布衣前執行長、優步行銷人員、《心靈雞湯》作者……萊恩在不知道該怎麼辦時，只是在午餐時間跟其中一位頂尖企業家坐在一起。他們一起解決了萊恩面臨的問題，並想出了務實可行的解決方案。

據我所知，只有在我們的活動上，才能近距離接觸到這種力量。我不是指你花創業經商是一門藝術。我深信當用正確的方式經營事業時，它可以像一曲交響樂或一幅美畫一樣優雅。若要這種概念被現今社會文化接受並流行，我們必須好好認識這本書裡提到的12.5個情商技能，並了解如何善用它們，使其成爲商業成功的催化劑。

——《情商致勝》

國家圖書館出版品預行編目資料

一天工作6分鐘：世界級商業領袖教你用槓桿力，創造豐足與自由 / 道格拉斯．維米爾（Douglas Vermeeren）著；甘鎮隴譯. -- 初版. -- 臺北市：方智出版社股份有限公司, 2022.07
192面；14.8×20.8公分 --（生涯智庫；205）
譯自：The 6-minute work day : an entrepreneur's guide to using the power of leverage to create abundance and freedom
ISBN 978-986-175-682-0（平裝）
1.CST：職場成功法　2.CST：創業
494.1　　111006879